ENCYCLOPÉDIE-RORET

—

NOUVEAU MANUEL

DU

TOURNEUR.

-

TOME I.

AVIS.

Le mérite des ouvrages de l'*Encyclopédie-Roret* leur a valu les honneurs de la traduction, de l'imitation et de la *contrefaçon*. Pour distinguer ce volume il portera, à l'avenir, la *véritable* signature de l'Editeur.

MANUELS-RORET.

NOUVEAU MANUEL

DU

TOURNEUR,

OU

TRAITÉ COMPLET ET SIMPLIFIÉ

DE CET ART,

D'APRÈS LES RENSEIGNEMENS FOURNIS PAR PLUSIEURS TOURNEURS
DE LA CAPITALE.

RÉDIGÉ

PAR M. DESSABLES.

Ouvrage orné de planches.

NOUVELLE ÉDITION TRÈS-AUGMENTÉE.

TOME PREMIER.

••••◦◦◦◦◦••••

PARIS,

A LA LIBRAIRIE ENCYCLOPÉDIQUE DE RORET,

RUE HAUTEFEUILLE, Nº 10 BIS.

1839.

BAR-S.-SEINE. — Imp. de SAILLARD.

PRÉFACE.

Parmi tous les arts mécaniques, il n'en est pas un seul qui ait autant d'attraits que celui du Tourneur, pour les hommes de tout âge et de toute classe. Aussi, les amateurs ont-ils autant contribué que les tourneurs de profession à la perfection de cet art. On ne voit même guère que les amateurs s'occuper de ces étoiles, de ces tabatières faites dans une ou plusieurs boules, de ces colonnes torses et à jour, de ces bouquets en ivoire, et d'une infinité d'autres pièces dont on admire autant le travail que la délicatesse ; et la raison en est bien simple, c'est que tous ces petits chefs-d'œuvre demandant un temps considérable, les ouvriers ne trouveraient jamais un dédommagement suffisant dans le prix qu'ils en

retireraient. Mais comme on ne peut atteindre la perfection que graduellement,
que pour y parvenir il faut commencer
par savoir tourner, et, par conséquent,
par connaître les principes sur lesquels sont
basées toutes les opérations de l'art du
tour, c'est particulièrement à donner ces
principes que je me suis appliqué dans le
cours de cet ouvrage.

Un Manuel n'étant pas un livre scienti-
fique, j'ai écarté tout ce qui est de pure
spéculation ; et ne m'occupant que de la
pratique, j'ai cherché à rendre mes des-
criptions aussi claires qu'intelligibles. Les
commençans puiseront dans cet ouvrage
toutes les connaissances nécessaires pour
diriger leurs premiers travaux, et les amateurs et les ouvriers y trouveront un grand
nombre de méthodes simplifiées , et de
procédés ou nouveaux, ou peu connus jusqu'ici.

J'ai réuni tout ce qui peut être en même
temps utile et agréable à ceux qui s'occupent du tour, et comme je leur conseille

de fabriquer eux-mêmes la plus grande partie de leurs outils, j'ai donné non-seulement la manière de forger le fer et l'acier, mais encore celle de souder ensemble ces deux métaux, de les tremper et de les polir après leur avoir donné la forme nécessaire.

On trouvera aussi, dans mon Manuel, la méthode la plus simple pour forger le cuivre, fondre les métaux, les couler et les mouler, et une infinité d'autres connaissances qui, sans être strictement nécessaires au tourneur, deviennent, dans une infinité de connaissances, des accessoires très-intéressans. Au reste, pour se faire une idée juste de tout ce qui est contenu dans cet ouvrage, il suffira de jeter les yeux sur la table des matières qui se trouve à la fin de chaque volume.

Aucun des articles de mon ouvrage n'a été imprimé sans avoir été revu par des Tourneurs distingués, et particulièrement par M. Chezeret père, demeurant passage du Caire; j'ai consulté toutes les personnes

de qui j'ai pu espérer tirer quelques lu-
mières, et je ne puis mieux terminer
qu'en reconnaissant combien je suis rede-
vable à MM. Compigné et Séguier fils, de
qui j'ai obtenu des renseignemens très-
précieux.

MANUEL

DU

TOURNEUR.

LABORATOIRE.

L'EMPLACEMENT du laboratoire, qui d'abord paraît une chose indifférente, mérite cependant une attention particulière de la part de l'amateur et de l'artiste. Si vous choisissez un lieu élevé et exposé à l'ardeur du soleil, vos tours et vos établis se dessécheront, se tourmenteront; le bois destiné à être travaillé et vos mandrins se fendront, souvent même vous verrez vos ouvrages se gauchir sur le tour. Pour éviter tous ces inconvéniens, il faut, s'il est possible, que le laboratoire soit placé au nord, dans une chambre au rez-de-chaussée, fraîche, élevée, bien éclairée. Après le nord, on peut indifféremment choisir le levant ou le couchant; et quand on sera forcé de s'établir au midi, on devra prendre toutes les précautions imaginables pour se garantir de la chaleur.

L'expérience a prouvé que le tour à pointes devait être disposé de manière à ce que l'ouvrier reçût le jour directement en face, tandis que pour le tour en l'air; le jour devait lui parvenir par sa droite; ce dernier tour se place ordinairement le plus près possible de la croisée.

L'arrangement du laboratoire n'est pas encore à dédaigner; il est bon de disposer tous les outils, tous les instrumens par ordre et par classe, de manière à ce qu'on puisse les trouver aussitôt qu'on en a besoin.

CHAPITRE PREMIER.

DES TOURS ET DES DIFFÉRENTES PARTIES DONT ILS SE COMPOSENT.

SECTION PREMIÈRE.

Tour à pointes.

Le tour à pointes, qui est le premier sur lequel les amateurs et les apprentis doivent s'exercer, se compose d'un établi, de deux poupées à pointes, dont l'une se remplace en quelques occasions par une poupée à lunettes, par exemple, quand on veut percer une pièce; d'un support, d'une perche ou d'un arc, et enfin d'une pédale, au moyen de laquelle on met en mouvement la pièce qu'on veut tourner. Je vais donner la description de ces différentes pièces. (Voy. *Pl.* I, *fig.* 5o, représentant un tour à pointes, vu du côté opposé à celui où se place l'ouvrier.)

1. *De l'Établi.* — Le meilleur bois dont on puisse se servir pour faire un établi, est incontestablement l'orme, d'abord parce qu'il est naturellement très-lourd, et qu'ensuite il ne travaille point ; cependant, à défaut d'orme on se sert du hêtre ; on peut aussi se servir de noyer, et c'est de ce dernier bois que sont faits presque tous les beaux établis. La plupart des tourneurs construisent leurs établis chacun à sa guise ; cependant il est deux méthodes qui sont le plus généralement suivies, et ce sont les seules que j'indiquerai. La longueur d'un établi de tour est assez communément de six pieds ou environ ; il se compose, suivant la première méthode, de deux jumelles de trois à quatre pouces d'épaisseur sur quatre pouces de largeur. Entre les deux jumelles, on ménage, pour placer les poupées, un écartement de deux pouces environ de largeur ; on fixe cet établi sur deux pieds de six à dix pouces de largeur, sur deux pouces et demi à trois pouces d'épaisseur. Ces pieds sont liés aux jumelles par des tenons et des mortaises, et sont encore maintenus par des boulons en fer qui les traversent dans toute leur épaisseur ainsi que les jumelles, et qui sont fortement serrés par des écrous ; les pieds sont en outre enclavés par le bas dans une traverse ou patin de sept à huit pouces de largeur et de forte épaisseur, ayant quatre pieds environ de longueur. Aux deux côtés de chaque pied, sont placés des arcs-boutans partant d'une distance d'environ quatre pouces de l'extrémité du patin, et aboutissant aux deux tiers ou environ de la hauteur des pieds ; ces arcs-boutans, aussi engagés à tenons et à mortaises, sont encore chevillés en bois ou en fer.

La seconde méthode suivie pour former un établi, est de le faire d'une seule pièce s'il est possible, ou, dans le cas contraire, de deux membrures solidement assemblées à rainure et languette, consolidées encore par des boulons en fer traversant dans l'épaisseur du bois toute la largeur des deux pièces réunies, et arrêtés par des écrous. On aura alors une table d'environ six pieds de long sur trois pouces d'épaisseur et deux pieds de largeur. A six pouces de distance de la partie antérieure de la table, on pratique une mortaise de quinze à dix-huit lignes ou même deux pouces de largeur, et qui est prolongée jusqu'à huit pouces environ des extrémités; c'est dans cette mortaise qu'on place et qu'on fait mouvoir les poupées. On fixe la table sur quatre pieds d'environ quatre pouces d'équarrissage, enclavés dans la table à queue d'aronde bien chevillée; pour donner à ces pieds plus de solidité, on les joint par deux entretoises placées l'une à peu de distance de la table, et l'autre à quelques pouces de terre; on place aussi entre les deux pieds de derrière, à peu près à moitié de leur hauteur, une troisième traverse de six pouces de largeur sur deux pouces d'épaisseur; toutes ces traverses sont assemblées à tenons et à mortaises, et arrêtées par des chevilles, ou même par des vis en fer. Cette dernière méthode de faire l'établi est préférable surtout pour les tours en l'air et pour tous ceux qui sont compliqués. (Voyez Pl. I, *fig.* 54.)

2. *Des Poupées.* — Les poupées du tour à pointes s'assujettissent sur l'établi de deux manières différentes, savoir : par des vis et des écrous, ou par des clés en bois. Les tourneurs en chaises, et ceux qui ne font que de gros

ouvrages, sont les seuls qui aient conservé
cette dernière manière ; cependant j'ai cru nécessaire de ne pas omettre d'en parler. Dans
les poupées qu'on serre de cette manière, la
partie qu'on nomme la queue ou le tenon, doit
être assez longue pour excéder l'épaisseur de
l'établi, d'environ cinq à six pouces ; dans cette
partie excédante, on perce une mortaise qui doit
être en sens opposé à celle de l'établi, et dans
laquelle on introduit une clé en bois ferme, plus
large à la tête qu'à l'autre extrémité ; cette clé
doit entrer facilement dans la mortaise, et ne
pas être gênée sur son épaisseur, parce qu'autrement elle fait fendre la queue, quand on la
frappe avec une masse de fer, ou plutôt avec un
maillet.

Pour fixer les poupées de la première manière, on se sert d'une vis à tête fichée au milieu du tenon de la poupée, où elle est retenue
par un écrou ; cette vis passe de plus dans un
trou pratiqué au centre d'une semelle : quand
la semelle est placée en travers de la mortaise
de l'établi, elle forme arrêt ; mais quand on
veut retirer une des poupées, sans être obligé
d'ôter la vis, on tourne la semelle de manière
à ce qu'elle se trouve parallèlement avec la
mortaise, et on retire l'une avec l'autre, parce
que la largeur de la semelle est proportionnée
à celle de l'entaille de l'établi : on conçoit aisément qu'entre la queue de la poupée et la semelle il doit rester un certain vide, car autrement la vis ne pourrait tenir la poupée dans
l'état immobile qui est nécessaire ; par conséquent la queue, loin d'excéder l'épaisseur de
l'établi, doit laisser un jour de plusieurs lignes.

A l'extrémité supérieure de chaque poupée

est placée une pointe d'acier bien trempé ; l'une de ces pointes, celle qui est placée à la gauche de l'ouvrier, doit être immobile, tandis que la pointe qui se trouve à la droite peut être avancée et reculée à volonté ; à cet effet, elle est soudée au bout d'une forte vis de fer, taraudée dans toute l'épaisseur de la poupée ; cette vis, qui excède d'un pouce ou deux environ la largeur du bois, est mue au besoin par une clé de fer introduite dans un anneau ménagé au bout de la vis opposé à la pointe.

On ne saurait mettre trop de régularité dans le rapport des pointes entre elles, et ce rapport doit être observé avec tant de soin, que si, en approchant les deux poupées l'une de l'autre, les deux pointes ne se rencontraient pas parfaitement, il serait impossible de tourner suivant un diamètre déterminé. (La *fig.* 73 représente deux poupées construites d'après ce procédé.)

On se sert avec avantage des pointes mobiles, c'est-à-dire de pointes qu'on peut adapter aux grosses vis du tour, soit en les vissant, soit en les enclavant à tenon carré. La facilité qu'on a de les changer au besoin et de les affûter sans peine n'est pas à dédaigner. (*Pl.* I, *fig.* 1.)

Au lieu de placer les pointes au centre des poupées, on est assez dans l'usage de les rapprocher sur le devant. Cette méthode obvie à beaucoup d'inconvéniens, mais elle ne peut être adoptée que pour les tours uniquement destinés à tourner avec les poupées à pointes.

Un écrou mal taraudé dans le principe, du bois employé trop vert, un long usage et plusieurs autres circonstances, font qu'après un certain temps, la vis de la poupée de droite ballotte dans son écrou, et n'a plus l'immobilité requise : c'est un mal auquel on ne saurait trop se hâter de remédier. Parmi tous les moyens mis en usage en pareil cas, je désignerai le suivant, comme devant être préféré aux autres : on perce la poupée bien carrément des deux côtés, non pas en totalité, mais jusqu'à ce qu'il ne reste au milieu que douze ou quinze lignes de l'ancien filet ; le trou doit être fait de manière à ce que l'écrou se trouve parfaitement au centre, ensuite on fait fondre ensemble de l'étain et du zinc ; ce dernier métal ne doit entrer dans le mélange que pour un cinquième ; on place la vis de manière à ce qu'elle soit bien droite, et on remplit ensuite les deux trous jusqu'à fleur de bois, ayant bien soin que le métal ne soit pas trop chaud. Quelques tourneurs passent, dans l'écrou qui est usé, une peau d'anguille encore fraîche, et introduisent ensuite la vis ; d'autres, au lieu de peau d'anguille, se servent d'un morceau de cuir ; mais ces méthodes ne peuvent réparer le mal que momentanément.

Il serait un moyen plus simple d'obvier à tous les inconvéniens de ce genre, ce serait d'établir au-dessus de la poupée une vis de pression ; alors on serait assuré que la pointe ne varierait jamais ; cette méthode est adoptée par plusieurs bons tourneurs de Paris dont j'ai visité les ateliers.

On se sert communément, pour faire les poupées, de l'orme ou du noyer : cependant on peut aussi employer avantageusement presque tous les bois durs, à l'exception du chêne ; mais dans tous les cas, on doit tirer les poupées d'un bois fendu, et non d'un rondin.

3. *De la Poupée à lunettes.* — J'ai dit en

commençant à parler des tours, que la poupée
de droite d'un tour à pointes, se remplaçait
quelquefois par une poupée à lunettes : voilà
comment doit être construite cette poupée,
qui se fixe comme les autres et peut être faite
avec le même bois ; moins élevée que les poupées à pointes, elle est parfaitement plate par
le haut : sa partie gauche ou intérieure est
unie et exactement de niveau avec la queue,
mais sa partie extérieure ou droite est dimi-
nuée de moitié dans son épaisseur, à peu près
jusqu'aux deux tiers de sa partie supérieure,
et c'est au centre de cette partie réduite à
moitié de son épaisseur, qu'est pratiqué le
trou où passe le boulon destiné à serrer la lunette. Quand les poupées sont faites de cette
manière, il est nécessaire d'en avoir plusieurs ;
mais au moyen d'un autre procédé, une seule
poupée de ce genre peut suffire dans toutes les
occasions : j'en parlerai ailleurs. (Voy. *Pl.* III,
fig. 3.)

4. *De l'Arc.* — L'arc qui, dans tous les
tours d'amateurs, a remplacé la perche, dont
je parlerai bientôt, se fait de différentes manières, et avec des matières différentes. Chez
les uns, il est fait avec un morceau de cœur de
noyer ou de frêne, fendu, long d'environ six
pieds, et dont la largeur et l'épaisseur diminuent
insensiblement environ d'un quart, à partir du
centre jusqu'aux deux extrémités ; chez d'autres,
il est composé de différentes lames, aussi de
noyer, ou même de sapin ; mais plus généralement on le fait avec des lames d'acier très-minces,
et trempées très-doux : ces lames, dont la principale ne doit pas avoir plus de quatre pieds de
longueur, sont disposées de manière à ce que la
seconde, c'est-à-dire celle qui est placée en des-

sous, soit plus courte que celle qui est par-dessus, et ainsi de suite.

Pour soutenir cet arc, on place au milieu de l'établi, et vers les deux bouts, deux piliers, qu'on enclave solidement avec des tenons et des mortaises, et auxquels on donne au moins quatre pieds d'élévation; au haut de ces piliers, on adapte, aussi à tenons et à mortaises, deux potences qui servent à supporter une traverse de bois solide, de deux pouces environ d'équarrissage. C'est à cette traverse qu'est suspendu l'arc, au moyen d'une boîte en cuivre ou en bois. Comme il est nécessaire, surtout quand on tourne une pièce un peu longue, d'avancer l'arc, tantôt à droite, tantôt à gauche, la boîte doit être faite de manière à ce qu'elle glisse facilement sur la traverse, et que l'arc ne soit pas gêné par les potences dans les déplacemens. On fixe la boîte et l'arc à la traverse, ou avec une vis de pression, ou avec des coins de bois.

Pour que l'arc fasse ressort, on le tend avec une corde d'une certaine force, afin qu'on ne soit pas obligé de la renouveler continuellement. Sur cette corde, est placée une petite poulie en bois dur, dont la gorge doit être assez large et assez profonde pour que la corde y puisse tenir aisément, et que la poulie elle-même puisse rouler facilement sur la corde : à cette poulie est solidement adapté un crochet en fer, qui sert à attacher la corde qui correspond à la pédale. (Voyez *Pl.* I, *fig.* 74.)

5. *De la Perche.* — La perche, dont on ne se sert plus guère, si ce n'est pour les gros ouvrages, peut avoir de six à huit pieds de longueur; elle est communément de frêne, ou bien, mieux encore, d'érable. Destinée à faire

ressort, elle doit naturellement être plus grosse et plus forte à la tête qu'à la pointe. Pour lui donner plus d'élasticité, on l'aplatit d'un bout à l'autre en dessous, en suivant toujours une progression telle, qu'elle soit plus mince à l'extrémité où doit être attachée la corde qui communique à la pédale ; cependant, quand la perche n'est pas trop grosse, on peut s'en servir sans l'aplatir ; on la fixe par le gros bout au plancher de l'atelier, au moyen d'un boulon à vis, ou de toute autre manière. Vers la moitié de sa longueur, la perche porte sur une traverse de bois rond, qui doit avoir trente-six à quarante pouces de longueur, et qui est soutenue à ses deux bouts par deux crochets de fer, ou bien par deux petits montans en bois, d'un pied de longueur, solidement fixés au plancher. Il faut que tout soit calculé de manière à ce que la corde, dans les différentes directions qu'on lui donne, ne soit pas usée en frottant contre l'établi. Est-ce parce qu'ils tiennent à leurs anciennes habitudes ? Je n'en sais rien, mais il est certain que d'excellens tourneurs, et notamment M. Chasseret, et bien d'autres, faisant des ouvrages très-délicats, ne se servent que de la perche, tant pour le tour à pointes, que pour le tour en l'air. (Voyez *Pl. I, fig.* 50.)

6. *Du Support.* — Pour tourner, il faut un point d'appui ou un support. Les tourneurs se servent communément d'une barre de chêne ou de hêtre, large de cinq à six pouces, et épaisse de six lignes au moins, adaptée aux poupées, au moyen d'un entaille assez profonde pour que cette barre puisse couler facilement ; afin de la fixer solidement, on perce, dans toute l'épaisseur de chaque poupée, une

mortaise carrée, et on y introduit un liteau de même forme, entrant très-juste; au bout de ce liteau, on établit, à tenons et à mortaises, un montant, au centre duquel est un entaille de deux pouces de profondeur, et de largeur suffisante pour contenir aisément la barre; mais comme cette barre serait vacillante, on la fixe au moyen d'une vis de pression à tête d'olive plate, pratiquée dans la partie antérieure du montant. On tient également les liteaux au degré nécessaire d'écartement, avec une vis placée dans les poupées, de manière à ce qu'elle porte juste au centre de la mortaise.

Ces liteaux, faits en fer, seraient plus solides. Indépendamment de la barre d'appui, on peut se servir, pour le tour à pointes, du support, dont je parlerai en donnant la description du tour en l'air. *Voyez* un tour à pointes tout monté. (*Pl.* I, *fig.* 5o.)

7. *De la Marche* ou *Pédale.* —Cette partie du tour n'est pas la même dans tous les ateliers; aussi me contenterai-je de donner ici la forme de celles qui sont le plus généralement en usage. (Voyez *Pl.* I, *fig.* 2, la forme de ces marches ou pédales.)

SECTION II.

Du Tour à pointes d'horloger.

Le tour d'horloger est utile et même indispensable pour tourner des pièces délicates en bois précieux ou en ivoire; on y trouve, comme dans les autres tours à pointes, deux poupées et un support, mais la structure n'est pas la même; il en existe de différentes grandeurs, cependant les plus longs n'excèdent guère dix-

huit à vingt pouces. Des deux poupées l'une
est immobile, et l'autre, qui est mobile, se
fixe par le moyen d'une vis de pression placée
en dessous; les têtes des deux poupées sont de
forme ovale; elles sont percées dans toute leur
longueur, de manière à recevoir de petits cylindres au bout desquels sont les pointes; la
vis de pression qui fixe ces cylindres est placée
au-dessus de la tête; le support est fait de plusieurs pièces, celle qu'on nomme la queue s'a-
vance et se recule au besoin, elle passe dans
le trou d'une autre pièce nommée le coulant,
et qui est placée réellement en forme de coulisse entre les deux poupées, et elle se fixe à
volonté au moyen d'une vis de pression placée
en dessous; à l'une des extrémités de cette
queue est une tête à olive, percée perpendiculairement, et c'est dans le trou pratiqué à cette
tête que se place et se meut la tige de la cale
du support; cette seconde pièce du support se
fixe également par une vis de pression. Il est
inutile de répéter qu'un tour de ce genre ne peut
être parfait qu'autant que les pointes des poupées se correspondent de la manière la plus exacte.
(Voyez *Pl.* I, *fig.* 3 et 4.)

Quand on veut se servir du tour d'horloger,
on le fixe ordinairement dans un étau, en le
serrant par la partie qui se trouve au-dessous
de la poupée immobile. On travaille à ce tour
étant assis; on le met en mouvement au moyen
d'un archet qu'on tient de la main gauche, et
c'est avec la main droite seulement qu'on dirige
l'outil employé pour façonner la pièce. En voyant
la *Pl.* III, *fig.* 11, on se formera aisément l'idée
de ces archets; il est nécessaire d'en avoir de
différentes forces, suivant la nature des pièces
qu'on veut tourner; on doit proportionner les

cordes à boyau dont on se sert pour ces archets à la résistance qu'on a à vaincre. Pour des ouvrages très-délicats on se sert parfois d'un archet de baleine, et d'un crin de cheval au lieu de corde à boyau ; la corde doit être assez longue pour faire deux tours sur la pièce qu'on veut travailler.

SECTION III.

Du Tour en l'air.

Le tour en l'air étant celui sur lequel se font les plus beaux ouvrages, mérite plus particulièrement l'attention des amateurs. Il se monte sur le même établi que le tour à pointes, et les poupées s'y fixent de la même manière, mais leur forme est différente; d'ailleurs, dans l'un, la matière qu'on veut travailler est prise entre deux pointes; dans l'autre, au contraire, cette même matière est portée par un arbre de fer, ou n'étant soutenue que par un mandrin, semble se mouvoir en l'air, c'est sans doute l'origine du nom de *tour en l'air* ; ce tour est beaucoup plus compliqué que le tour à pointes, on y remarque :

1° Deux poupées entaillées dans leur épaisseur de manière à ce que l'arbre puisse y passer : l'écartement des deux poupées devant être invariable, on le détermine par deux barres de bois fixées des deux côtés avec des vis, sur les poupées, et pour donner plus de solidité à ces poupées, elles posent contre un épaulement pratiqué aux deux barres.

2° Un arbre de fer fait au tour, auquel on donne plus ou moins de longueur, suivant le goût de l'amateur. On ne saurait apporter trop d'attention à la justesse de cet arbre, car c'est de cette justesse que dépend la perfection de tous les ouvrages auxquels sert le tour en l'air. L'arbre se compose de différentes parties bien distinctes, et qui chacune ont leurs fonctions particulières. Je les désignerai par des chiffres : 1. 1 fig. 5 *Pl.* I, représentent deux collets de forme cylindrique et parfaitement ronds, qui roulent dans des coussinets. Le 2 désigne une rainure dans laquelle entre une clé en cuivre qu'on nomme clé d'arrêt, qui empêche l'arbre de se déranger de sa place sans nuire à son mouvement de rotation sur lui-même; le 9 est une partie destinée à recevoir une poulie rendue immobile par le moyen d'un écrou ; elle a six pans, d'environ sept à huit lignes de largeur. Toute la partie qui se trouve entre le 2 et le 9 désigne des pas de vis de différentes grosseurs, qui sont distingués par les chiffres 3 , 4, 5, 6, 7 et 8; le 10 est une partie qui fait épaulement contre la poulie ; le 11 et le 13 désignent deux forts bourrelets ; le 12 une bobine dans laquelle est placée la corde qui fait mouvoir le tour ; le 14, une embase qui doit être parfaitement droite par devant, servant à appuyer les mandrins ; le 15, la vis sur laquelle les mandrins se montent, et qu'on nomme le nez de l'arbre ; le n° 16 est l'extrémité gauche de l'arbre, sur laquelle est une embase suivie d'un pas de vis qui sert à monter les différentes pièces qu'on peut avoir besoin d'ajouter.

L'arbre, comme je l'ai déjà dit, roule entre des coussinets faits soit en cuivre, soit en étain et antimoine, soit en plomb et zinc, et placés dans l'intérieur des poupées au moyen de rainures pratiquées dans le bois, et de languettes saillantes sur les coussinets : pour les maintenir et empêcher que l'arbre ne ballotte, on place sur chaque poupée, à la partie où vient aboutir l'arbre, un étrier de fer dont les queues entrent dans l'épaisseur du bois, et au haut duquel est une vis de pression qui porte sur ces mêmes coussinets.

Pour que la vis de pression ne puisse se desserrer, on intercale, dans le joint qui existe entre les deux coussinets, un petit morceau de bois dur sur lequel vient s'opérer la pression de la vis.

Dans l'épaisseur de la poupée de derrière, c'est-à-dire de celle qui se trouve à la gauche de l'ouvrier, sont pratiquées des mortaises; dans ces mortaises, qui doivent être très-bien faites, on introduit des clés qui entrent assez juste pour ne pas ballotter. La première se fait en cuivre, et comme elle doit entrer dans la rainure de l'arbre, on la lime en couteau sur sa longueur, à l'endroit où elle rencontre ce même arbre. Toutes ces clés (voyez *Pl.* I, *fig.* 61) ne remplissant pas la hauteur de la mortaise, peuvent s'élever et se baisser, et par conséquent toucher ou non à l'arbre, suivant les besoins. On ne doit pas perdre de vue que chacune de ces clés correspond à un des pas de vis marqués sur l'arbre. Quand on veut tourner rond, on fait prendre la clé de cuivre dans la rainure de l'arbre; mais si l'on a besoin d'une vis, on baisse la clé de cuivre et on lève celle qui correspond au numéro de la vis que l'on veut former; et comme cet clé est immobile, et que par la pression les filets pratiqués sur l'arbre s'y impriment, cette arbre, en tournant sur lui-même, est forcé de suivre le rampant de la vis.

C'est au moyen de ce procédé qu'on fait sur le

tour les ouvrages les plus curieux dont nous parlerons par la suite.

M. Séguier fils ayant remarqué que la clé d'arrêt en cuivre est sujette à plusieurs inconvéniens, a imaginé un autre moyen qui offre beaucoup plus de solidité; il a fait disparaître cette clé, et il fixe l'arbre avec une boîte de cuivre de forme cylindrique, taraudée en dedans, et qui se visse sur le bout de l'arbre, à gauche.

Par un mouvement naturel chez les personnes raisonnables, comme chez les enfans, quand on approche d'un tour en l'air, on est porté à faire mouvoir les clés placées dans la poupée de gauche; pour éviter les inconvéniens qui peuvent résulter de ces inconséquences réitérées, on a imaginé de faire un garde-clé. Je ne connais pas cette invention, j'en ai seulement vu la figure dans l'*Art du Tourneur*, de M. Paulin Desormeaux.

Sur la poupée de gauche se trouvent deux chapeaux : l'un est immobile, et est destiné à recevoir la vis de pression qui porte sur le coussinet de derrière; le second ressemble au couvercle d'une boîte; il s'ouvre et se ferme à volonté, et n'a d'autre destination que d'empêcher la poussière mêlée avec l'huile, de gâter les pas de vis tracés sur l'arbre du tour.

Je répète que les collets doivent être parfaitement ronds et cylindriques, et qu'il est essentiel que les vis, et surtout les vis du nez de l'arbre, soient exactement concentriques aux collets.

Il est bon de connaître la manière de faire les coussinets, qui finissent par s'user, et dont il est impossible de se servir, pour peu qu'ils soient détériorés. On fait en bois un moule, de

la forme et de la grosseur des collets; ensuite
ou fait fondre dans une cuiller de fer du zinc
ou du régule d'antimoine; quand celui de ces
deux métaux qu'on a choisi est fondu, on y
ajoute, si c'est du zinc, trois parties d'étain;
si c'est du régule d'antimoine, deux parties
d'étain suffisent : quand le tout est fondu, on
agite la matière avec un morceau de bois, et on
la verse dans le moule aussitôt qu'elle n'a plus
que la chaleur suffisante pour roussir un morceau
de papier trempé dedans.

Tous les tourneurs ne sont pas du même avis
sur la longueur qu'on doit donner à l'arbre; les
uns le veulent de huit à dix pouces seulement, les autres prétendent que plus un arbre
est long, plus il est solide, et par conséquent moins exposé à éprouver des ballottemens.
Je penche pour ce dernier avis. Au reste, on
proportionne ordinairement l'arbre à la grandeur
et à la force du tour.

M. Séguier fils, qui a fait une étude particulière du tour, et qui exécute aussi bien que le
premier tourneur de la capitale, pense que
pour de petites pièces on peut se servir d'un
arbre court; mais il ne balance pas à dire que
pour les grosses pièces l'arbre le plus long est
le meilleur, et il en donne des raisons pal-
pables. Il veut que dans tous les cas l'arbre
soit gros et assez fort pour ne pas fléchir. Il
veut aussi que les collets soient larges, parce
que plus ils ont de largeur et plus le frottement
est doux.

3° *Le Support.* — Quoique l'usage de tous
les supports soit absolument le même, on en
distingue de plusieurs espèces. Le premier se
nomme support à chaise.

Ce support se compose des pièces ci-après,

savoir : d'une semelle en bois qui pose sur l'établi et s'y fixe au moyen d'une entaille avec des feuillures qui servent d'appui à un T, dont la tige est carrée : l'extrémité basse de ce T est taraudée, et reçoit l'écrou à oreille destiné à serrer la semelle sur l'établi : comme le bois, par la pression de l'écrou, pourrait se macérer, on place entre cet écrou et la pièce de bois tourné, qui est au-dessus, une plaque de cuivre de forme ronde. Il s'agit ensuite d'obvier à un autre inconvénient, qui est d'empêcher le T de tourner sur lui-même quand on serre l'écrou : pour cela il suffit d'enfiler dans sa tige un morceau de bois carré qui puisse entrer dans l'écartement de l'entre-deux des jumelles de l'établi. Il est un autre moyen bien plus simple, c'est de donner au T une forme carrée. On appelle chaise un morceau de bois auquel on donne la forme d'une chaise; ce morceau de bois est fixé sur la semelle par un boulon taraudé à sa partie inférieure, et entrant dans une plaque de fer aussi taraudée, qui est encastrée au-dessous de la semelle. Dans la tête du boulon, qui est ronde, sont pratiqués deux trous qui la traversent en totalité, et qui se croisent à angle droit : pour serrer la chaise sur la semelle, on se sert d'une clé, dont on fait entrer la queue dans les trous des boulons, et par ce moyen on tourne la chaise, et on la fixe à volonté. Au milieu de la partie perpendiculaire qui forme le dos de la chaise est pratiqué un trou carré qui reçoit la tige d'un boulon carré, et c'est ce dernier boulon qui sert à fixer la cale du support sur lequel est appuyé l'outil. Cette cale se fait ordinairement de chêne ou de noyer, et à bois de bout : au milieu de sa partie la moins épaisse est pratiquée une entaille où se loge la tête du boulon ; par ce moyen, on peut autant qu'on le veut approcher la cale de l'ouvrage. Quand il est nécessaire de la changer de place, on desserre l'écrou. Il est bon d'avoir des cales de différentes largeurs et de différentes épaisseurs. Il est facile de voir que ce support, se tournant en tout sens, on peut à volonté couper la matière de face ou de côté. (Voyez *Pl.* I, *fig.* 6.)

Le support qu'on nomme à bigorne, et dont se servent en général les tabletiers, est fait, à très-peu de chose près, de la même manière ; toute la différence consiste en ce que la chaise elle-même sert de support, et que, par conséquent la cale devient inutile. Ce dernier support est composé de moins de pièces, et, selon moi, n'en est pas moins commode.

J'ai vu chez M. Chezeret, chez un machiniste dont les tours sont très-estimés, et chez M. Séguier, fils du premier président de la Cour royale, un support qui me paraît préférable à tous les autres, tant par sa simplicité, que par la facilité avec laquelle on peut la placer dans tous les sens.

Le support proprement dit, ou bien, selon l'acception ordinaire, la cale du support, est faite absolument comme celle des tours d'horloger ; seulement la tige, au lieu d'être de forme demi-circulaire, est ronde : cette tige entre dans un trou, aussi rond, pratiqué au centre d'une partie cylindrique, ou d'une colonne, placée perpendiculairement à l'extrémité de la semelle. Il est facile de voir que cette cale peut se mouvoir, se baisser et se lever à volonté ; elle se fixe au moyen d'une vis de pression placée à droite du cylindre. La semelle est faite comme celle du support à chaise, et se fixe sur l'établi de la même manière. Les supports de cette espèce peuvent se faire en bois; mais en fer coulé ils sont beaucoup plus solides. Dans ce dernier cas, on les coule d'une seule pièce, avantage qu'ils ne peuvent avoir quand ils sont en bois. (Voyez *Pl.* III, *fig.* 40.)

Pour que la vis de pression ne gêne pas l'ouvrier, on la place dans un anneau mobile, formant le haut du cylindre dans lequel tourne la cale. Par ce moyen, la tête de cette vis se met à volonté du côté où elle ne peut gêner l'opération. Ce support ressemble beaucoup au support à l'anglaise. M. Séguier le nomme support à cale mobile.

M. Paulin Desormeaux, dans son *Art du Tourneur*, parle d'un support perpendiculaire dont il donne une ample description : j'aurais beaucoup désiré voir un support de cette espèce; mais tous ceux à qui j'en ai parlé, n'en connaissent, comme moi, que le nom.

On se sert aussi du support qu'on nomme à *tablier;* mais comme il est très-gros et très-massif, et par conséquent très-embarrassant, on lui préfère en général le support à chaise.

Au lieu de la perche, ou de l'arc, on a substitué, pour le tour en l'air, la roue, qui se place indistinctement en dessus ou en dessous du tour, et qui, en général, remédie à presque tous les inconvéniens que présentaient les anciens procédés. On peut également l'employer pour le tour à pointes, dont elle facilite et rectifie toutes les opérations. (Voyez *Pl.* I, *fig.* 53 et 61, un tour en l'air.)

4° *La Roue.* — La roue du tour en l'air peut être faite de bien des manières; mais sa grandeur est presque partout la même : on ne

lui donne jamais plus de vingt-quatre à vingt-
six pouces de diamètre. Elle peut être faite de
fer, de bois, et même de plomb ; plus souvent
elle est composée de bois et garnie de plomb. Ce
plomb est placé, ou dans la gorge pratiquée sur
la circonférence, ou appliquée contre les deux
surfaces.

L'arbre qui soutient la roue est aussi fait de
plusieurs façons : les uns le coudent au milieu ;
d'autres ajoutent une manivelle à l'une des extrémités, et ces différentes méthodes réussis-
sent également ; cependant l'arbre coudé est
préférable.

On ne finirait pas si l'on voulait donner la
description de toutes les manières dont on
peut se servir pour adapter une roue au tour,
car j'ai à peine rencontré chez les amateurs
deux tours où les roues fussent montées de la
même manière. Il doit donc suffire de donner
une méthode sûre et en même temps commode,
et qu'on puisse employer pour tous les tours,
surtout pour ceux qu'on est obligé de placer
dans un petit local où l'on a besoin de ménager
le terrain. La méthode suivante remplira, je
crois, ce but.

SECTION IV.

*Manière de placer la roue au-dessous du
tour.*

Je parle d'abord de la manière d'adapter la
roue au-dessous du tour.

Au centre de la roue, qui, comme je l'ai
déjà dit, peut être ou en plomb, ou en bois
garni de plomb, ou même en fer, on place un

moyeu en cuivre : ce moyeu, étant destiné à
recevoir l'arbre sur lequel la roue doit tourner,
ne saurait être percé trop droit. Sur le montant, placé sur la traverse de gauche, est fixé,
avec un fort écrou à oreille, l'arbre auquel on
a laissé exprès une embase vers le milieu ; on
a soin de placer entre le bois et l'écrou une
rondelle de cuivre ou de tôle, forte et assez
grande pour que l'écrou ne porte pas sur le
montant ; et comme cet arbre doit monter ou
descendre suivant la tension qu'on donne à la
corde, on pratique une rainure au centre du
montant. La partie de l'arbre qui se trouve
après l'embase, et sur laquelle doit tourner la
roue, est de forme cylindrique et de grosseur
proportionnée à la largeur du trou pratiqué
dans le moyeu de la roue ; après cette partie
cylindrique, est une autre partie à six pans,
destinée à recevoir un cône ; enfin, à l'extrémité est formée une vis sur laquelle s'adapte
un écrou, au moyen duquel on fixe la roue.
La corde sans fin est portée par des cercles
de cuivre attachés sur les croisillons de la
roue, et ces cercles doivent être de différentes
grandeurs, car autrement le mouvement du
tour serait uniforme, et il n'y aurait aucun
moyen de le diminuer ou de l'accélérer. A
l'une des branches des croisillons, et à trois
pouces environ du centre, est pratiquée une
rainure dans laquelle entre un boulon à vis
qui sert de manivelle et qu'on éloigne ou qu'on
approche du centre suivant qu'on veut augmenter ou diminuer la puissance ou la vitesse de
la roue.

De quelque manière que la roue soit faite
et placée, le mouvement continu lui est imprimé par la pédale, au moyen de la corde

sans fin. La méthode que je viens de donner
n'est pas sans inconvéniens ; le principal, c'est
que le moyeu, en tournant sur l'arbre, s'use
et s'agrandit, et qu'il s'ensuit des ballottemens
qui ne sont pas supportables ; cependant, toute
défectueuse qu'elle est, cette méthode est adoptée par un grand nombre d'amateurs : en voilà
une autre que je regarde comme préférable, et
qui est bien simple.

On prend deux planches de chêne d'un
pouce d'épaisseur, et assez longues d'abord
pour emboîter les deux pieds de gauche de
l'établi, et ensuite pour qu'elles dépassent le
pied de devant d'environ six pouces ; on place
ces planches, l'une en dedans et l'autre en dehors des pieds, on les attache sur le pied de
derrière avec un boulon en bois, et on les
réunit avec une traverse en bois dans la partie
qui excède le pied de devant : au milieu de
cette traverse est pratiquée une vis de rappel dont la tête est percée de quatre trous, et
qui a pour point d'appui un talon attenant au
bas du pied de l'établi. On peut, si l'on veut,
faire la traverse en fer, mais alors la vis de
rappel devra être aussi en fer ; on fait alors au
milieu des planches, sur la partie supérieure,
des entailles de grandeur suffisante pour contenir les coussinets en cuivre qui sont entaillés
soit en équerre, soit en rond ; c'est sur ces
coussinets que doit rouler l'arbre de la roue.
Pour maintenir l'arbre, on place dessus le
coussinet une traverse en cuivre qui doit former le second coussinet, et cette traverse est
contenue par une vis de pression pratiquée au
milieu d'une espèce d'étrier dont les branches
recourbées sont fixées sur la planche au moyen
de quatre vis.

Pour mettre la roue en mouvement, on peut se servir ou d'une manivelle ou d'une contre-roue qui est préférable. La manivelle s'adapte sur un carré pratiqué au bout de l'arbre opposé à celui sur lequel est montée la roue, et c'est à cette manivelle que s'attache la corde de la pédale; la contre-roue se place sur le même carré que la manivelle, et y est également fixée par un écrou de maintenue; la corde est attachée à un bouton; la vis de ce bouton passe dans une mortaise pratiquée dans la roue, et peut se hausser ou se baisser, et par conséquent se rapprocher ou s'écarter à volonté du centre de rotation.

J'observe que la roue peut être placée en dehors ou en dedans des pieds de l'établi; dans le dernier cas la manivelle et la contre-roue deviennent également inutiles. (Voyez *Pl.* I, *fig.* 61, une roue placée au-dessous d'un tour.)

SECTION V.

Manière de placer la roue au-dessus du tour.

La nouvelle édition du *Manuel* de Bergeron, revue et augmentée par M. Hamelin, qui la publia en 1816, et l'*Art du Tourneur*, mis au jour en 1824 par M. Paulin Desormeaux, sont les ouvrages les plus récens qui aient paru en ce genre. Dans chacun de ces ouvrages on trouve la manière de placer une roue au-dessus d'un établi de tourneur; mais la manière de l'un diffère beaucoup de celle de l'autre. Si la méthode de M. Bergeron est plus simple, elle est aussi sujette à des inconvéniens inévitables; et si celle de M. Paulin Desormeaux paraît plus avantageuse, elle est aussi beaucoup plus compliquée. Au reste, voici ces méthodes telles qu'elles sont données par les auteurs mêmes : je commencerai par celle de M. Paulin Desormeaux.

On vide carrément par le haut, à trois pieds de profondeur, une colonne octogone; pour faciliter cette opération, on forme le haut de la colonne de deux pièces qu'on joint bien ensemble; sur deux des faces intérieures on fait à mi-bois une feuillure de six lignes d'épaisseur, et sur la face opposée on pratique une mortaise ouverte qui doit aboutir à six pouces au-dessous du sommet de la colonne, et à laquelle on donne un pied de hauteur et un pouce de largeur. La cavité de la colonne est remplie par la boîte, dont voici la description :

Cette boîte, qui se fait en orme, en noyer ou autre bois, doit avoir un pied de hauteur; sur chacun de ses côtés on pratique des tenons disposés de manière à ce qu'ils puissent glisser dans les feuillures que j'ai dit avoir été faites sur les deux faces intérieures de la partie vidée, et au bas du côté opposé; cette même boîte est traversée par un trou carré dans lequel doit passer un boulon destiné à faire pression. Sur le sommet de la boîte qui doit remplir exactement la cavité de la colonne, on fait une entaille profonde, dans laquelle on place les coussinets, et pour que ces coussinets soient plus solides, ils ont des tenons qui entrent dans deux petites gorges perpendiculaires pratiquées au devant et au derrière de l'entaille; sur ces coussinets de cuivre taillés en équerre, on met des traverses de même métal.

Au-dessus de la boîte, doit être placé un

couvercle ou chapeau fixé par six vis, et portant à chaque bout, au-dessus des coussinets, une vis de pression, et sur le milieu un piton à vis.

Il ne reste plus à faire que l'arbre et la roue; je ne parlerai pas de la roue dont j'ai donné ailleurs la description.

On met sur le tour un morceau de fer de longueur et de grosseur convenables, et on le divise en autant de parties qu'il doit faire de fonctions différentes; on arrondit celles qui doivent rouler sur les coussinets, et on laisse au bout deux carrés, dont l'un est destiné à porter la roue de volée, et l'autre la manivelle ou la contre-roue; ces roues sont maintenues par des écrous.

Quand toutes les parties qui doivent composer la machine sont terminées, on met la boîte dans la cavité de la colonne, et on fixe les deux morceaux qui forment le haut de cette colonne avec des vis à têtes fraisées; on place ensuite l'arbre, on fixe le couvercle avec des vis, et on fait passer par l'entaille un boulon de fer taraudé, sur lequel on visse un grand écrou à oreilles; on adapte ensuite à la colonne une sonnette qui sert à tendre et à détendre la corde. Cette sonnette n'est rien autre chose qu'une corde attachée par un bout au piton vissé dans le milieu du chapeau de la boîte, passant ensuite dessus une petite poulie de cuivre placée sur le sommet de la colonne, et retombant par l'autre bout vers le tourneur qui peut la prendre à volonté pour la tirer plus facilement; on attache au bout un anneau ou un morceau de bois tourné en forme d'olive; par le moyen de l'écrou à oreilles du boulon de pression, on fixe cette corde à la hauteur convenable.

Voici maintenant la méthode indiquée par

M. Hamelin, ou plutôt l'explication de la figure représentant un tour en l'air mu par une roue placée au-dessus de l'établi.

La corde sans fin, croisée, passe sur la poulie du tour. La marche ou pédale fait tourner, au moyen d'une corde, la roue de volée qui est sur le même arbre que la contre-roue. Sur une face plane d'un parallélipipède pris à même un fort morceau de bois dont le bas a la forme d'une colonne, est un châssis de fer dans lequel glisse, à queue d'aronde, une chappe de cuivre qui porte des coussinets entre lesquels tournent les collets de l'arbre qui porte les deux roues. Une vis à tête ronde, dont les pas prennent dans un renflement pratiqué dans la traverse du bas du châssis, fait hausser et baisser la chappe pour donner la tension convenable à la corde sans fin.

Sur la contre-roue sont placées d'autres roues de différens diamètres pour pouvoir ralentir ou accélérer le mouvement du tour.

Il est, comme je l'ai déjà dit, tant de manières de placer la roue en dessous et au-dessus du tour, et qui toutes présentent des avantages et des inconvéniens, que je laisserai à l'amateur la liberté de choisir celle de toutes ces manières qui lui conviendra le mieux.

M. Séguier prétend qu'il vaut mieux placer la roue au-dessus qu'au-dessous du tour; il voudrait même, s'il était possible, que la roue fût isolée de l'établi, parce que, quand elle y est adhérente, quelque précaution qu'on prenne, il est presque impossible qu'elle n'occasione pas au tour des vibrations plus ou moins sensibles, ce qui nuit toujours à la perfection de l'ouvrage. Il est aussi d'avis que la roue doit

être lourde, d'abord, parce que, mise une
fois en mouvement, elle ne donne pas plus de
peine à tourner, et qu'en second lieu, étant
pesante, elle facilite beaucoup quand on tourne
une pièce un peu grosse, ou d'un bois difficile
à couder.

SECTION VI.

Tour à pointes à l'anglaise.

Ce tour est fort commode dans différentes circonstances; il ne diffère de nos tours à pointes
ordinaires que par la manière dont est construite et placée la pointe de la poupée de
gauche. La méthode des Anglais est d'un grand
secours quand on veut tourner une pièce un
peu longue à laquelle il n'a pas été possible
de réserver une bobine. Voilà la structure de
cette pointe.

La base du cône qui forme la pointe n'appuie pas, comme à l'ordinaire, contre la poupée, mais elle est suivie d'un collet bien tourné;
après ce collet, qui sert d'axe à une poulie de
six pouces au moins de diamètre, est pratiquée
une embase attenant à une tige carrée; cette
tige est taraudée par le bout, elle entre dans la
poupée, et y est retenue par un écrou qui la fixe
très-solidement.

Les Anglais emploient encore une autre méthode pour tourner les pièces moins longues,
et qui ne sont pas d'un fort diamètre. Ils ont
un cercle de trois ou quatre pouces d'ouverture,
sur lequel sont placées à distance égale quatre
vis un peu fortes; ils laissent au cercle une
queue de dix à douze lignes de largeur sur
quatre lignes d'épaisseur, limée et dressée sur

les quatre faces, et courbée de manière à ce qu'elle se porte vers la poulie. Le bout de cette queue s'enclave perpendiculairement et assez juste dans une espèce de mortaise pratiquée dans l'épaisseur d'une fourchette de fer solidement fixée sur la poulie ; pour retourner la pièce, on la saisit avec les vis. La queue du cercle étant attachée à la poulie, le cercle suit nécessairement son mouvement quand elle tourne, et, par conséquent, elle entraîne la pièce.

SECTION VII.

Tour à bidet.

Je m'étendrai peu sur ce tour qui n'est point en usage parmi les amateurs, et dont se servent cependant encore quelques tourneurs pour tourner de fortes pièces.

L'arbre de ce tour, dont la longueur et la grosseur doivent être proportionnées au poids et à la force des pièces qu'on veut tourner, diffère peu de l'arbre ordinaire du tour en l'air. Voici, au reste, comment il est construit : après le bout qu'on nomme le nez, et qui est fileté, vient une embase, puis un collet ; après ce collet un renflement formant bobine. Le restant de l'arbre est dressé à huit pans, et la pointe qui le termine est très-aiguë. Cet arbre est monté dans une poupée ordinaire à coussinets ; entre l'entaille des coussinets et la surface intérieure de la poupée, est percée une mortaise dans laquelle est placée et fixée la clé d'arrêt ; cette clé sert, par un bout, de point d'appui à l'arbre. La poupée de derrière est absolument plane ; c'est dans cette poupée qu'est placée une forte vis dont le bout est percé d'un trou formant crapaudine, dans lequel vire la pointe de l'arbre qui doit être aciérée.

Dans quelques tours à bidet, l'arbre ne se termine pas en pointe par sa partie postérieure, mais est, au contraire, coupé carrément. Dans le centre est réservé le trou du pointage : la vis, alors, au lieu de former crapaudine, est terminée en pointe, comme les vis des poupées à pointes ordinaires, et c'est la pointe de cette vis qui entre dans le trou réservé au centre de l'arbre. On a soin de lubrifier ce point de contact en y mettant de temps à autre une goutte d'huile. Au moyen de cette disposition, l'arbre est toujours tenu immobile, parce qu'il suffit de tourner un peu la vis lorsque l'usure a détruit l'adhérence des parties.

On préfère ceux de ces tours dont le collet est conique, entrant dans un coussinet en cuivre creusé en cône rentrant. Il ne peut alors, en aucun cas, et quelle que soit l'usure, y avoir aucun ballottement possible, puisque la vis de derrière pousse toujours le cône du collet dans le cône du coussinet, qui alors est d'une seule pièce et dispense de l'emploi d'une vis de pression sur le sommet de la poupée de devant.

Pour donner plus de force et de solidité aux poupées, on les fait plus massives que les poupées ordinaires, et on donne plus de largeur tant à la partie supérieure qu'au tenon qui entre dans la fente de l'établi, ayant bien soin que ce tenon entre juste dans la fente et sans ballottement, autrement la poupée aurait bientôt pris une position oblique qui nuirait à la régularité de l'ouvrage.

On peut faire mouvoir ce tour soit avec la perche soit avec l'arc, ou y adapter une roue;

alors il est facile d'y placer des bobines du diamètre nécessaire, au moyen de la partie à huit pans ménagée sur l'arbre.

On a ajouté à ce tour différentes modifications dans le détail desquelles les bornes de cet ouvrage ne me permettent pas d'entrer.

SECTION VIII.

Tour en l'air d'horloger.

Ce tour en l'air est particulièrement en usage chez les fabricans de montres et de pendules; je l'ai trouvé dans le magasin de M. Houdin, demeurant rue de Harlay, n° 7, qui tient tout ce qui concerne l'horlogerie.

Le tour en l'air d'horloger ressemble peu au tour en l'air ordinaire. L'arbre de ce tour, placé dans une poupée en fer qui glisse sur la barre du tour, comme la poupée mobile, ne présente point une vis à son extrémité, mais cette même extrémité est plate et coupée carrément; au centre est pratiqué un trou dans lequel entre la queue des mandrins. Ce trou correspond parfaitement à la pointe de la poupée immobile.

Tour universel.

J'ai vu chez le même négociant un tour d'horloger qu'on nomme universel; c'est une machine extrêmement compliquée, mais qui présente des avantages d'autant plus grands qu'elle peut remplacer tous les autres tours, et qu'elle suffit seule chez un fabricant. Elle est disposée de manière à ce qu'on puisse y adapter les pièces nécessaires pour toutes les occasions où l'on doit se servir du tour.

Tour à pivot.

M. Vallet, horloger, demeurant place aux Poirées, a inventé un tour à pivot extrêmement ingénieux; ce qui paraîtra très-surprenant, c'est qu'il a fait exécuter toutes les pièces qui le composent par un sourd-muet, dont il a été l'instituteur et le maître. Je regrette de ne pouvoir donner la description de ces deux machines intéressantes, mais les bornes de mon ouvrage ne me permettent pas d'entrer dans tous les détails que nécessite cette description.

SECTION IX.

De l'arbre creux.

Un arbre creux est non-seulement commode, mais même nécessaire dans différentes circonstances, par exemple quand on veut tourner des baguettes, ou d'autres pièces longues et minces. Ce n'est pas une chose facile que de percer un arbre. Aussi peu d'amateurs se donnent la peine d'entreprendre une opération dans laquelle ils ont presque la certitude d'échouer. On achète donc ces arbres tout faits. Il est cependant des tourneurs qui, pour éviter de grands frais, et voulant cependant avoir un arbre creux, le construisent eux-mêmes de la manière suivante :

Il prennent un canon de fusil aussi fort de culasse qu'il est possible de le trouver, ou bien un canon de carabine, et ils le coupent à la

longueur ordinaire d'un arbre. Si par hasard il
se trouve sur l'arbre du tour un pas de vis égal
à celui qui est taraudé dans la culasse, ils font
un mandrin ordinaire au centre duquel ils laissent un tourbillon qu'ils filètent, et sur lequel
ils vissent le canon. Ils tournent ensuite un goujon sur lequel ils ménagent un épaulement, et
ils le font entrer dans le bout du canon jusqu'à
l'épaulement. Ces dispositions faites, ils placent la pointe de la poupée au centre du goujon, et tournent la pièce. Le goujon doit être
un peu long, et fait de manière à ce qu'il remplisse exactement l'intérieur du canon, car autrement il serait impossible de tourner bien
rond. Quand on a fait disparaître les rainures
ou les différentes faces qui peuvent se trouver
sur la culasse, on pratique sur ce même côté
et tout-à-fait au bout, une embase de deux ou
trois lignes d'épaisseur. On forme ensuite sur
les deux bouts un collet auquel on peut donner
de deux à trois pouces, et on monte une bobine
sur la partie qui se trouve entre les deux collets, et qu'on a limée à plusieurs plans. On
creuse après cela la rainure dans laquelle la clé
d'arrêt doit être reçue. Pour se servir de l'arbre
creux comme d'un arbre ordinaire, on fait un
mandrin portant au milieu une embase, et de
chaque côté une vis; de ces deux vis, l'une
s'adapte dans l'écrou de la culasse du canon, et
l'autre sert de nez pour l'arbre : plusieurs tourneurs ont adopté cette méthode avec succès;
M. Chazeret père, a un arbre creux fait avec la
culasse d'une carabine, qui est en même temps
très-beau, très-juste et très-commode.

Un des avantages de l'arbre creux, c'est qu'on
peut monter sur le derrière différentes pièces de
rapport.

4

Manière de forer un arbre.

Quelque difficile qu'il soit de forer un arbre dans toute sa longueur, on peut cependant y parvenir en mettant à l'opération tout le soin et toute l'attention qu'elle exige.

On commence par faire un foret auquel on donne, à la lime, deux taillans inclinés en sens inverse; quand il est terminé, on le trempe et on l'affûte bien vif sur la pierre à l'huile. Ce foret doit être assez long pour percer l'arbre à un peu plus de la moitié de sa longueur. Deux procédés peuvent être employés. Dans l'un le foret tourne et l'arbre est immobile; dans l'autre au contraire, c'est l'arbre qui tourne tandis que le foret reste immobile. Quelle que soit la manière adoptée, on place le foret dans un trou fait au centre du nez de l'arbre, qui tournera entre ses deux coussinets, et approchant la poupée, on met la pointe au centre du carré du foret, et on serre la vis de manière à ce que le tour étant mis en mouvement, la pièce soit percée; on sait qu'on avance la pointe à mesure que le trou se creuse. Je n'ai pas besoin de dire qu'il faut continuellement mettre de l'huile, et vider souvent le trou. Quand l'arbre est foré à moitié, on le change de bout, et on fait la même opération. Quelque précaution qu'on ait prise pour tenir l'arbre et le foret bien droits, il peut arriver que les deux trous ne se rencontrent pas parfaitement; alors on répare le mal avec un écarrissoir à plusieurs pans, qu'on monte sur un vilebrequin.

On ne doit pas percer l'arbre à la place qu'il occupe ordinairement sur le tour en l'air, mais il faut le mettre sur un tour à pointes, et placer sous le collet de devant une poupée à collet dont les coussinets sont ouverts, au diamètre du collet de l'arbre. Il est bon aussi, avant de placer le foret sur le nez de l'arbre, d'évaser, à une ligne au moins de profondeur, le trou destiné à recevoir ce foret (1).

SECTION X.

Manière de réunir les deux bouts de la corde sans fin.

Pour réunir les deux bouts de cette corde, on commence par la serrer à environ six pouces des extrémités, avec un fil ciré, et assez fort pour contenir les torons dans l'opération suivante ; on prend ensuite un des bouts et on le serre au-dessus du fil, soit dans un étau, soit avec un valet, de manière à ce qu'il ne puisse tourner, ni s'arracher ; alors, on tord la corde jusqu'à ce qu'elle se soit recoquillée sur elle-même ; on l'attache assez solidement pour qu'elle ne puisse pas se détordre. On divise les torons, et on les effiloque jusqu'à l'endroit où la corde est liée, on ôte sur chacun des torons à peu près la moitié du chanvre qui les compose, afin que, réunis, ils ne présentent que la grosseur de la corde ; on marie ensemble ces torons

---

(1) On trouve dans le *Journal des Ateliers* (année 1829, mois de janvier et de juillet) la description d'une mèche à conducteur, de l'invention de M. Collas, qui est extrêmement commode pour le percement des arbres et dont les effets sont assurés.

effiloqués, comme je l'ai dit, ayant soin de les mouiller pour que les fils s'amalgament plus facilement; on les tord les uns après les autres. On coupe alors le fil qui retenait les deux extrémités de la corde, et on la force à se détordre, ou plutôt elle se détord d'elle-même, et le trop de torsion qu'elle avait se répartit sur l'épissure qui ne présente plus que la continuation de la corde, mais un peu plus grosse en cet endroit qu'ailleurs. Cette grosseur disparaît bientôt, et quand l'épissure est bien faite, il est difficile de la distinguer du reste de la corde. Il est facile de voir qu'on a dû tenir la corde assez longue, pour qu'après l'épissure faite, elle puisse entourer la roue et la poulie, et se croiser facilement. En cirant cette corde on double sa durée.

Il est impossible de faire une semblable épissure à une corde à boyau, alors on se contente d'attacher à un bout un crochet, et à l'autre bout une agraffe. On fait passer la corde en la vissant dans la douille du crochet et dans celle de l'agraffe qui sont taraudées à cet effet; puis on en fait griller le bout au feu : il se forme un renflement qui, étant plus grand que la douille elle-même n'est grande, empêche la corde de sortir (1).

_____

(1) On lit dans le *Journal des Ateliers* du mois d'août 1829, à l'article *nouvelles*, pag. 212, ce qui suit :

« On fait une grande économie si l'on substitue
« aux cordes sans fin ordinaires une bande de cuir
« épais, de cinq millimètres environ de largeur. Le
« cuir happant plus fortement les poulies que ne le
« fait la corde de chanvre, n'a pas besoin d'être
« aussi tendu pour opérer une résistance convenable.
« Son élasticité est telle, que souvent il tire encore

CHAPITRE II.

DES OUTILS DONT ON SE SERT POUR TOURNER.

SECTION PREMIÈRE.

Outils pour tourner sur le tour à pointes.

La *gouge* : cet outil sert à ébaucher ou dégrossir le bois de toute espèce ; pour être bien
fait, il faut que sa cannelure soit creusée avec
une juste proportion. ...dée bien également
et dressée de manière ...e biseau qui est par-
dessous, et qui aboutit ...ontre la cannelure,
donne au tranchant la forme régulière d'un
demi-cercle, forme qui, suivant les cas, est plus
ou moins alongée ; c'est pourquoi on ne peut

« assez lorsqu'on le fait tomber d'une poulie sur une
« autre plus petite. Nous avons vu des bandes de cuir
« qui travaillent depuis deux ans, et font mouvoir des
« tours sur lesquels on monte journellement de fortes
« pièces en fer, et qui font encore leur service sans
« paraître sensiblement usées. Quant à l'épissure, elle
« est très-facile, les bouts sont simplement doublés
« et réunis par une couture. Un autre avantage résul-
« tant de l'emploi de ces lanières, c'est qu'attendu
« leur forte adhésion dans les gorges des roues et des
« poulies, il devient presque inutile de les croiser,
« ce qui offre très-souvent une grande commodité.
« On emploie aussi des lisières de casimir. »

se dispenser d'avoir non-seulement des gouges
de différentes grosseurs, mais encore d'en avoir
plusieurs de chaque espèce différemment affûtées, c'est-à-dire dont les unes aient le biseau
plus long, et les autres plus court; il y a des
gouges depuis douze jusqu'à deux lignes de
large ; ces dernières sont les plus petites. (*Pl. I,
fig. 7.*)

La *plane* ou *fermoir*. C'est une espèce de
ciseau qui sert à effacer les sillons laissés par
la gouge et à planir la pièce qu'on tourne; il
ressemble au fermoir des menuisiers, son tranchant se forme par la rencontre de deux biseaux. On doit en avoir un assez grand nombre
non-seulement de différentes largeurs, mais
aussi de la même grosseur; on en trouve depuis
seize à dix-huit lignes jusqu'à six. Il y a des
planes carrées et d'autres qui sont inclinées;
les commençans regardent ces dernières comme
plus commodes, mais je conseille à tous les amateurs de s'accoutumer dès le principe aux ciseaux droits. (*Pl. I, fig. 8.*)

Ces deux outils sont les seuls qui soient essen-
tiels pour le tour considéré comme l'art de couper circulairement le bois; il en est une infinité
d'autres qui grattent le bois et ne le coupent
pas; de ce genre sont :

Le *ciseau à un biseau* qui sert pour tourner
les bois durs, et qui les racle sans les couper.
Son taillant doit être très-droit, il forme par le
profil de son épaisseur un angle de 30 degrés.
On en vend de plusieurs largeurs, depuis un
pouce jusqu'à trois lignes ; plus ils sont petits
et plus ils doivent avoir de force, étant destinés
à faire de petits carrés dans des parties très-étroi-
tes. (*Pl. I, fig. 9 et 10.*)

Le *bédane*, qu'on nomme aussi tronquoir,

parce qu'il sert à scier sur le tour, est employé pour faire des entaillures profondes dans le bois, il doit être plus fort sur le tranchant que sur le bas, afin de ne pas s'engager dans le chemin qu'il a fait. (*Pl. I, fig.* 11.)

Le *grain d'orge* est un outil dont le principal usage est de dresser les bois durs par le bout, il sert aussi pour couper par un trait vif deux pièces qu'on a besoin de séparer, ou pour marquer un dégagement entre une baguette et le corps d'une moulure. Cet outil coupe par la pointe et par le côté de chaque biseau. Les petits doivent, comme les bédanes, être taillés et affûtés sur le champ du fer, afin qu'ils aient assez de force pour résister. On doit, dans un laboratoire, en avoir de toutes largeurs, et à pointes plus ou moins alongées. (*Pl. I, fig.* 12 et 13.)

Le *ciseau rond* ou *gouge plate*. Souvent les bois présentent à la gouge une trop grande résistance, souvent aussi on a besoin de creuser, tant extérieurement qu'intérieurement, des gorges de toutes courbures ; c'est pourquoi on doit avoir une certaine quantité de ciseaux ronds de différentes courbures et de différentes largeurs, afin de n'en manquer dans aucun des cas où l'on peut en avoir besoin ; les petits doivent aussi être plus épais que les autres, et faits sur champ, afin de ne pas plier quand l'usage auquel on les emploie demande de la force. (*Pl. I, fig.* 14 et 15.)

La *langue de carpe* est un perçoir dont on se sert pour les bois durs et pour l'ivoire : pour percer cette dernière matière on le trempe dans l'eau, et pour la première on le trempe dans la graisse ; il est particulièrement destiné à percer sur la lunette ; il a deux biseaux inclinés presque parallèlement l'un à l'autre; le tranchant de l'un de ces biseaux coupe quand la pièce descend, et l'autre quand elle remonte. (*Pl.* I, *fig.* 16.)

Le *ciseau quart de rond* sert à creuser des doucines ou congés, et en général des parties de forme demi-ronde. (*Pl.* I, *fig.* 17 et 20.)

Le *ciseau de côté*. Le tranchant principal de cet outil se prend sur son côté : le biseau de côté qui doit être très-droit et travaillé avec soin, est fait à la gauche; le biseau qui est au bout forme un angle un peu aigu avec celui de côté, afin que, quand on creuse une pièce qui doit être carrée au fond, on puisse être assuré de la vivacité de cet angle. Le taillant du biseau de côté peut avoir de deux à six pouces de longueur; il est bon d'en avoir de toutes largeurs. (*Pl.* I, *fig.* 18.)

Le *ciseau à trois biseaux* n'est pas un outil absolument nécessaire, mais il est fort commode dans une infinité de circonstances, il coupe par le bout et des deux côtés : on s'en sert particulièrement pour percer des étuis et autres pièces qui ont un couvercle. On doit l'affûter avec grand soin, car les biseaux de côté doivent être parfaitement droits, et ne pas présenter la moindre inégalité. (*Pl.* I, *fig.* 19.)

SECTION II.

Outils nécessaires pour le tour en l'air.

Le *ciseau de côté* est un outil à deux biseaux, dont l'un est à gauche et l'autre par le bout : celui de gauche doit être droit, et celui du bout un peu incliné; on s'en sert pour gratter à l'intérieur, et pour élargir et dresser les creux : il demande à être parfaitement affûté. (*Pl. I, fig.* 19.)

Le *quart de rond* sert pour creuser circulairement une pièce, comme une sébile dans laquelle on met de la poudre pour le papier, des coupes, des vases, et en général toutes les pièces qui doivent être arrondies par le fond : il tire son nom de sa forme, qui est un quart de rond. Il est bon d'avoir plusieurs outils de cette espèce, de différentes grandeurs, et de différentes courbures. (*Pl. I, fig.* 17 et 20.)

Le *bédane de côté* est indispensable quand on veut faire une rainure sur le côté intérieur d'une pièce ; on s'en sert aussi pour détacher par dedans un cercle qu'on veut lever sur un morceau d'ivoire ; mais alors il doit être très-étroit et un peu long. On doit encore avoir des bédanes de ce genre de toutes largeurs et de différentes longueurs dans la partie coudée. (*Pl. I, fig.* 21.)

Le *bédane demi-rond*. La seule différence qui existe entre cet outil et le précédent, c'est que l'un est carré et l'autre demi-rond ; que le premier fait des rainures carrées, et le dernier des rainures circulaires : on doit aussi en avoir de plusieurs largeurs et de différentes longueurs.

Le *bédane à double tranchant*, se nomme ainsi parce qu'il coupe des deux côtés ; il coupe également par le bout, comme les précédens ; il est utile dans différentes circonstances. (*Pl. I, fig.* 22.)

Le *grain d'orge de côté*. Cet outil sert pour les pièces qu'on veut creuser, de manière à ce que les rainures soient plus larges intérieurement qu'extérieurement. Les tourneurs et les amateurs connaîtront facilement les autres usages auxquels il est destiné. (*Pl. I, fig. 23.*)

Autre *grain d'orge*. Ce n'est qu'une espèce de oiseau recourbé qui coupe, et par la partie arrondie, et par le bout.

Le *crochet rond* est d'une grande utilité pour creuser, dans l'intérieur d'une pièce, une partie arrondie prise sur l'épaisseur, c'est-à-dire quand on veut faire une pièce plus large à l'intérieur qu'à l'entrée ; au moyen du dégagement qu'on y pratique, on peut enfoncer l'outil sans toucher aux côtés ni à l'entrée de la pièce. On se sert parfois du crochet rond comme d'une gouge plate ; c'est pourquoi il doit couper parfaitement dans toutes les parties de son taillant. (*Pl. I, fig. 24.*)

Le *crochet circulaire* est un outil très-commode quand on veut vider avec promptitude une boîte ou autre pièce de bois tendre. Un ouvrier qui sait bien manier cet outil, ce qui n'est pas facile, peut en très-peu de temps faire une boîte à savonette avec son couvercle ; on s'en sert également pour les sébiles en bois vert. On fait des crochets de différente espèce. Cet outil, opposant beaucoup de résistance, on ne s'en sert guère qu'avec un tour à roue. (*Pl. I, fig. 25.*)

Le *crochet à mouchette* sert à faire une baguette dans l'intérieur d'une pièce creusée ; pour donner à cet outil plus de stabilité sur le support, on lui donne beaucoup de largeur. (*Pl. I, fig. 26.*)

J'observe que les outils destinés au tour à pointes servent aussi presque tous pour le tour en l'air. Il en est encore une infinité d'autres que les circonstances et les différens ouvrages auxquels on s'applique peuvent seuls faire connaître. Les bornes de cet ouvrage ne me permettent pas d'en donner le détail : les curieux pourront en avoir la nomenclature dans le Manuel beaucoup plus étendu de M. Bergeron.

Autres outils indispensables dans un atelier.

Indépendamment des outils uniquement destinés au tour, on ne peut se dispenser d'avoir dans un atelier les suivans, qui sont aussi propres pour le menuisier, l'ébéniste, etc. :

1°. Un *établi complet,* c'est-à-dire garni de son peigne, de ses valets, etc. (*Pl.* I, *fig.* 63.)

2°. Une *scie ordinaire.* (*Id., fig.* 27.)

3°. Une *scie à deux lames.* (*Id., fig.* 28.)

4°. Une *scie à refendre.* (*Id., fig.* 29.)

5°. Une *scie à chantourer.* (*Id., fig.* 30.)

6°. Une *scie à main,* montée en fer. (*Id., fig.* 31.)

7°. Un *couteau à fendre,* ou *coûtre.* (*Id., fig.* 32.)

8°. Un *couteau à deux manches,* qu'on nomme *plane.* (*Id., fig.* 33.)

9°. Une *varlope.* (*Id., fig.* 35.)

10°. Un *rabot.* (*Id., fig.* 34.)

11° Un *guillaume.* (*Id., fig.* 36.)

12°. Un *écouène.* (*Id., fig.* 37.)

13°. Une *râpe en bois.* (*Id., fig.* 38.)

14°. Une *râpe queue de rat.* (*Pl.* II, *fig.* 57.)

15°. Une *hache à dégrossir.* (*Id., fig.* 41.)

J'ai parlé ailleurs de la hache de tourneur (*Pl.* III, *fig.* 35); du billot (*id., fig.* 32); de la meule (*id., fig.* 40); de la pierre à l'huile (*id., fig.* 43), et des affiloirs.

Je ne dois pas omettre de désigner les outils propres à percer le bois seulement. Sous cette dénomination ne sont pas compris ceux qui sont de véritables outils de tour, et dont je parlerai ailleurs.

Outils propres à percer le bois.

Ces outils se bornent aux vilebrequins et aux vrilles. Les tourneurs ont ordinairement deux vilebrequins, l'un en fer et l'autre en bois ; tous deux doivent être faits de manière à ce que les mèches, et les autres outils qui s'y adaptent, y entrent avec précision, et puissent y être fixés assez solidement pour ne pas vaciller. On doit avoir des mèches de toutes grosseurs, bien étagées, c'est-à-dire dont la grosseur soit progressive, depuis la plus petite jusqu'à la plus grosse. On distingue deux espèces de mèches, les unes qu'on nomme de tourneur, et les autres de menuisier. Quand il faut centrer un trou, on préfère celles de tourneur. On doit aussi avoir des vrilles de tous les échantillons, mais on ne doit guère s'en servir que pour les bois minces, parce qu'elles sont sujettes à occasioner des fentes. (Voyez *Pl.* II, *fig.* 42.)

Il est encore une infinité d'autres outils nécessaires pour différens ouvrages délicats ; je les indiquerai à mesure que l'occasion se présentera. Je ne dois cependant pas oublier ici la mèche anglaise ordinaire, et cette même mèche, perfectionnée par M. Lenormand ; j'ai même cru devoir donner la description de l'une et de l'autre.

Mèches anglaises.

La mèche anglaise est carrée par le haut, et de grandeur suffisante pour entrer dans la tête du vilebrequin. Sa longueur totale est de quatre à cinq pouces; elle est aplatie par le bas, et réduite à quelques lignes d'épaisseur, suivant l'effort qu'elle doit faire, c'est-à-dire suivant le diamètre des trous qu'elle doit produire; on peut en avoir par progression de demi-ligne en demi-ligne, depuis deux lignes jusqu'à dix-huit, et même davantage en augmentant la force du vilebrequin. Au milieu de la largeur, est une partie pointue et ronde, si l'on perce dans le bois de bout; mais cette partie doit être triangulaire, si l'on perce dans du bois de travers. Cette pointe détermine et conserve le centre du trou. A une des extrémités de cette largeur, est une autre pointe saillante, mais ayant un biseau dans le sens où l'on tourne le vilebrequin. Entre ces deux pointes, tout l'acier est emporté à la profondeur d'environ deux lignes, afin que l'outil puisse entrer dans le bois par celle du milieu, et couper circulairement par l'autre; l'autre moitié est un peu moins longue que la longueur des pointes, et en dedans, sur le plat, est formé un biseau qui prend depuis la pointe du centre jusqu'au bord de ce côté de l'outil. Ce biseau est rabattu du côté où tourne le vilebrequin, et forme un angle de 40 à 50 degrés. (Voyez *Pl.* II, *fig.* 60.)

Mèche anglaise perfectionnée.

Cette mèche, dont on trouve la description

dans les *Annales des Arts et Manufactures*, a été inventée par M. Privat, et perfectionnée par M. Sébastien Lenormand. Elle est faite absolument comme les mèches anglaises, si ce n'est qu'au lieu de la pointe du centre, elle porte une vis un peu plus longue que la pointe tranchante qui coupe le bois circulairement. La vis a la forme d'un cône tronqué très-alongé, et les pas en sont serrés comme aux vis ordinaires en fer bien soignées.

Avant de se servir de cette mèche, on fait avec une vrille, ou une mèche ordinaire un peu plus petite que le diamètre de la vis, un trou bien perpendiculaire à la pièce qu'on veut percer; puis on graisse un peu la vis de la mèche, et on la fait entrer en tournant dans le trou déjà pratiqué; et comme cette vis est conique, en pénétrant insensiblement dans le trou, elle sollicite la mèche à y entrer; aussi la pointe tranchante trace un cercle, tandis que la cuiller, de l'autre côté, coupe le bois de l'intérieur du cercle.

Pour parvenir à couper le bois avec moins d'efforts, soit verticalement, soit horizontalement, on pratique aux deux extrémités de la largeur une pointe tranchante en sens inverse, c'est-à-dire, qu'en tournant, chacune agit en coupant le bois circulairement dans le sens où l'on fait tourner le vilebrequin, et l'on forme de chaque côté un biseau tranchant.

Il s'élève une petite difficulté qui n'est pas difficile à surmonter; quand on veut percer un morceau de bois de part en part, une fois arrivé à l'autre surface du bois, la vis n'ayant plus rien sur quoi elle puisse prendre, n'appelle plus l'instrument. Il suffit alors, avant de commencer le trou, de fixer au-dessous de la pièce une petite plaque de bois de cinq à six lignes d'épaisseur. Cette plaque, percée en même temps que la pièce, et avec la même vrille, continuera de recevoir la vis jusqu'à ce que la pièce soit percée dans toute son épaisseur. On verra dans l'explication de la planche, les différentes pièces dont se compose la nouvelle mèche anglaise.

Voici d'abord la construction de la mèche : on forme un corps de mèche de six lignes de largeur, et comme les platines peuvent, dans cette petite mèche, s'écarter d'une ligne et demie, elles donneront un trou de neuf lignes de diamètre. Une première platine de rechange qui, toute formée, excédera la largeur du corps de la mèche d'une ligne et demie, formera aussi un trou de neuf lignes, et dans son plus grand écartement, donnera un trou de douze lignes. Enfin, une troisième platine qui, toute formée, excédera le corps de la mèche de trois lignes, formera aussi un trou de douze lignes, et, dans son plus grand écartement, donnera un trou de quinze lignes de diamètre. Trois platines suffisent donc pour l'assortiment de cette petite mèche.

Il y a une observation importante à faire dans la construction de ces mèches ; c'est qu'il est nécessaire, pour l'exécution, que la partie mince du corps de la mèche E F, fig. 4, (fig. 5g, pl. II), soit aussi épaisse que le diamètre de la queue de cochon. Dans cette petite mèche, une ligne et quart d'épaisseur est suffisante ; la queue de cochon est assez grosse, mais les platines doivent avoir chacune deux lignes d'épaisseur, et pour celles qui excèdent la largeur du corps de la mèche, il est à propos de limer le derrière

de toute la partie excédante en talus, depuis le
corps de la mèche jusqu'à leur extrémité, dans
la vue de donner plus de force au tranchant.
(Voyez la *fig.* 7 qui représente la coupe de la
platine vue de face, *fig.* 5.)

La *fig.* 7, *c d*, est la partie qui appuie sur
le corps de la mèche ; *d f*, est la partie qui excède le corps de la mèche, limée en plan incliné
dans toute la hauteur H S, *fig.* 5; *f g*, le tranchant de la platine.

Pour avoir un assortiment complet, il faut
avoir deux corps de mèches, un petit et un
grand. Voici quelles sont les dimensions du
second : il a été parlé du premier, ainsi que de
ses platines.

La largeur du corps de cette seconde mèche
doit être de quinze lignes pour faire suite à la
première. La queue de cochon doit avoir deux
lignes de diamètre, et, par conséquent, la partie
mince de la mèche doit avoir deux lignes d'é-
paisseur.

On ajuste quatre platines de rechange à cette
mèche : la première, toute armée, n'excédera
pas le corps de la mèche, la seconde l'excédera
de trois lignes, la troisième de six lignes, la quatrième de neuf lignes. Toute la partie qui excédera le corps de la mèche sera, comme dans la
première, limée en talus, et pour les mêmes raisons qui ont déjà été données; chaque platine
aura deux lignes d'épaisseur.

Explication de la Figure.

La mèche, toute montée, est composée de
trois pièces et de deux vis.

La *fig.* 1 (*fig.* 59 bis, *pl* II), représente la

mèche en perspective tout assemblée, et dans
la petite dimension.

La *fig.* 2 représente la même mèche vue de
face, mais dans la plus grande dimension.

Les *fig.* 3, 4, 5 et 6, montrent les pièces dé-
tachées, vues de face et de profil; les mêmes
lettres indiquent les mêmes pièces dans ces six
figures.

La *fig.* 3 présente, de face, le corps de la
mèche d'un côté; le côté opposé est parfaitement
égal. A B et C D, sont limés en queue d'aronde
pour y recevoir les deux plans inclinés G H,
I K, *fig.* 5, qui doivent y rentrer et former coulisse. Sur l'autre face de la *fig.* 3, est ajustée de
la même manière une autre pièce pareille à la
fig. 5; ces trois pièces sont solidement assemblées par deux vis N O, *fig.* 1 et 2, qui ne leur
permettent pas le moindre jeu.

Le corps de la mèche, *fig.* 3, porte deux
ouvertures longitudinales L M, à travers lesquelles passent librement et sans jeu les vis
N, O. Les deux pièces représentées par la *fig.* 5,
placées sur chaque face du corps de la mèche,
portent chacune une entaille P, pour recevoir
le corps de l'une des deux vis et un trou Q taraudé, dans lequel l'autre vis s'engage. Il est aisé
de concevoir que la tête de la vis N, reposant sur
la pièce *fig.* 5, s'engageant dans le trou Q de la
plaque opposée, rapproche ces deux pièces du
corps de la mèche, *fig.* 3, de sorte que ces trois
pièces sont unies ensemble, et d'une manière invariable par deux vis qu'on fait plus ou moins
fortes, selon que la mèche est destinée à faire
des trous plus ou moins gros.

Les deux platines G H I K seront assez
fortes, pourvu qu'on leur donne une ligne et
quart d'épaisseur, pour les mèches qui n'au-

ront pas plus d'un pouce de large; une ligne et demie, d'un pouce à deux; et deux lignes, de deux pouces à trois. La partie R S est caillante d'une ligne et demie du côté S, et se réduit à un quart de ligne du côté R; elle est taillée en plan incliné dans toute sa longueur R S; c'est cette partie qui coupe le bois horizontalement.

La partie mince du corps de la mèche E F, *fig.* 4, doit être aussi épaisse dans toutes les mèches que le diamètre de la vis ou queue de cochon V, par la raison que l'extrémité D de la coulisse C D, doit être taillée en plan incliné D K, pour recevoir la partie R K de la platine qui sert à couper le bois horizontalement jusqu'au centre, lorsqu'on rend la mèche plus grande.

La pointe T que porte chaque platine, doit avoir une ligne de saillie, et être tranchante dans le sens vertical, du même côté que le plan incliné R S qui coupe horizontalement. (Voyez *Pl.* II, *fig.* 59.) (1).

---

(1) Il s'en faut de beaucoup que les outils servant au percement des matières puissent être tous compris dans les limites étroites qui nous sont tracées: le *Journal des Ateliers* donne la description de mèches très-simples, qui peuvent percer régulièrement des trous de tous les diamètres, depuis dix-huit lignes jusqu'à cinq pouces et même davantage, sans aucune dépense inutile de force. Le même ouvrage contient une description détaillée de la mèche dont nous venons de parler, à laquelle il a été apporté de grandes améliorations et simplifications. Quant aux moyens de percement sur le tour, qui doivent particulièrement fixer notre attention, nous aurons soin d'en

SECTION V.

Outils pour tourner le fer et l'acier.

Les outils dont on se sert pour tourner le fer et l'acier peuvent se réduire au crochet gouge, à la plane, au grain d'orge, à l'outil de côté, et à quelques burins de différentes espèces : on les présente à la matière le manche élevé, et on les fixe sur le support par de petites encoches, afin qu'ils ne puissent reculer.

Le *crochet gouge* est de forme ronde ; il sert à dégrossir le fer. (*Pl.* II, *fig.* 37.)

Le *crochet plane* est carré ; il sert pour unir la partie qui doit être dressée. (*Pl.* II, *fig.* 38 et 39.)

Le *grain d'orge* sert à couper et à former des angles.

---

parler dans le cours de cet ouvrage, lorsque l'occasion s'en présentera ; mais toujours, et dès à présent, nous ne croyons pouvoir mieux faire que de renvoyer le lecteur à l'ouvrage que nous venons de citer ; il trouvera, dans les mois d'octobre, novembre et décembre 1829, une série d'articles très-propres à jeter un grand jour sur cette partie de l'art encore un peu en arrière. Nous aurions volontiers extrait ces articles, si le nombre considérable des figures qui servent à faciliter l'intelligence des démonstrations ne s'y fût opposé.

Le Propagateur des progrès des arts et métiers, journal des ateliers de tourneur, de mécanicien, de menuisier, d'ébéniste, de serrurier, etc., 1 vol. in-8°, avec 12 planches gravées, se trouve à Paris, chez Roret, libraire, rue Hautefeuille, au coin de celle du Battoir ; prix : 6 fr., et 7 fr. pour les départemens.

L'*outil de côté* sert à tourner les parties intérieures.

Les *burins* varient beaucoup dans leur forme ; il en est qui sont carrés, d'autres ronds ; les uns sont demi-circulaires, les autres méplats ; ces derniers se nomment échoppes : on peut voir la forme de ces différens burins (*Pl.* II, *fig.* 33, 34, 35 et 36.)

Quelque durs que soient ces outils, ils s'émoussent très-promptement ; il est bon, par conséquent, d'en avoir un certain nombre de chaque espèce (1).

SECTION VI.

Outils pour tourner le cuivre.

Comme le cuivre, quand il a été jeté au moule, est graveleux et très-dur, les outils dont on se sert pour le tourner ne doivent point avoir de biseau ; les angles droits et très-vifs, n'étant point inclinés à la surface, il s'ensuit qu'on peut employer les outils en tous sens.

_____

(1) On peut voir, dans le numéro de février 1829 du *Journal des Ateliers*, page 27, la description d'un crochet à tourner le fer, très-commode, et d'un emploi facile. Ce crochet, employé en Angleterre et dans les ateliers de MM. Manby et Wilson, à Charenton, près Paris, nous paraît digne de toute l'attention des tourneurs en fer. Nous leur recommandons aussi le levier conducteur des crochets dont il est question dans le numéro de mars du même ouvrage, page 56, qui doit faciliter le travail et garantir des échappées.

Le ciseau rond sert à dégrossir le cuivre. (*Pl.* II, *fig.* 36.)

Le ciseau demi-rond peut servir à droite et à gauche; il n'a pas de biseau. (*Pl.* II, *fig.* 35.)

Le grain d'orge est de la même forme que ceux dont on se sert pour le bois et le fer. (*Pl.* II, *fig.* 34.)

Le ciseau carré, qui sert à dresser une surface cylindrique, doit couper parfaitement. (*Pl.* II, *fig.* 33.)

Le ciseau de côté est employé pour le cuivre comme les ciseaux de même espèce pour le bois, (*Pl.* I, *fig.* 18.)

Les burins sont pour le cuivre les mêmes que pour le fer.

En général, je conseille à tous ceux qui voudront s'occuper sérieusement de l'art de tourner, de fabriquer leurs outils eux-mêmes, ils y trouveront des avantages incalculables, et qu'ils ne connaîtront bien que par l'expérience. Je donnerai ailleurs quelques principes pour la fabrication de ces outils.

SECTION VII.

Outils propres à percer les métaux.

L'outil dont on se sert le plus ordinairement pour percer le fer, le cuivre et les autres métaux, c'est le foret; sa grandeur ordinaire est de une à trois lignes.

Pour faire un foret, on prend un morceau d'acier carré, et on le lime bien; on lui donne une longueur conforme à l'usage qu'on veut en faire, et on le tient un peu plus mince que le trou qu'on veut percer. On fait chauffer le bout à une forte lumière, et on l'aplatit avec un marteau dont la tête doit être très-unie, ayant soin de lui laisser assez d'épaisseur pour qu'il puisse résister à l'effort inséparable de l'opération; on forme ensuite avec une lime bâtarde, sur chaque face, deux biseaux qui partagent également l'épaisseur du foret; celui qui est destiné à percer le cuivre présente une pointe au centre et un double biseau sur chaque face, ce qu'on appelle une *langue de carpe*, mais celui avec lequel on perce le fer n'a que deux biseaux circulaires. Quand les biseaux sont faits, on fait rougir l'acier couleur de cerise, et on le trempe en le plongeant dans l'eau froide qu'on doit avoir près de soi; on le blanchit ensuite sur une de ses faces avec de la pierre ponce; ou le fait chauffer plus loin que la pointe, jusqu'à ce qu'il soit amené à la couleur d'or, et on achève de le tremper en l'enfonçant dans une chandelle. Quand le foret est très-petit, il suffit, pour le tremper, de l'agiter vivement dans l'air quand il est suffisamment rouge.

Pour se servir des forets, on les monte sur ce qu'on appelle un *porte-foret*; mais comme ces porte-forets sont de différentes formes et de différentes espèces, je me contenterai d'en donner la forme; on peut la voir (*Pl.* III, *fig.* 1 et 2.)

La figure 27 représente un outil qu'on nomme *drille*; c'est aussi un porte-foret dont on se sert pour percer des trous sur de grandes surfaces.

SECTION VIII.

Des Peignes.

Les peignes ne peuvent servir que pour le tour en l'air, puisqu'ils sont uniquement des-

tinés à faire des vis et des écrous; on conçoit,
d'après cela, qu'il est nécessaire d'en avoir de
plusieurs espèces, car indépendamment des pas
de vis qui sont empreints sur l'arbre du tour,
on peut encore y en adapter bien d'autres. Les
peignes sont des outils très-importans, car ils
contribuent principalement à la beauté du pas
de vis, c'est-à-dire à l'exactitude de sa profondeur, à la continuité, et surtout à la netteté du
filet. Toutes les personnes qui s'occupent du
tour, ne sauraient donc apporter trop de soin
à l'entretien et à la conservation de leurs peignes.

Les peignes, quoique de deux espèces, ont
tous par le haut la forme d'un ciseau ordinaire,
mais ils ne se terminent pas de la même manière. Le premier, qui sert à former la vis en dessus, et qu'on nomme peigne femelle, présente, à
son extrémité qui est un peu plus large que le
reste du corps, et de face, une rangée de dents
formant autant de grains d'orge ; ces grains
d'orge, qui creusent les filets de la vis, doivent
être bien aigus et bien affûtés, puisque c'est de
là que dépend tout le mérite de l'ouvrage.
(Voyez *Pl.* III, *fig.* 14.)

Le second peigne, qu'on nomme peigne mâle,
sert à faire les écrous et à creuser les filets, mais
son extrémité est recourbée par son plat ; au lieu
de présenter la rangée de dents de face, il la
présente sur son côté. (Voyez *Pl.* III, *fig.* 28.)
La vis devant entrer avec précision dans l'écrou,
il s'ensuit que les dents des peignes appliqués
l'un sur l'autre doivent s'emboîter d'une manière si exacte qu'ils ne doivent sembler former
que la même pièce. Il faut bien observer qu'on
ne doit affûter les peignes que sur le plat, et

non en dessous par le biseau, ce qui empêche les pointes de devenir carrées par le bout.

Sans doute un amateur a raison de faire tous ses outils lui-même ; mais il en est certains dont la confection présente beaucoup de difficultés, et les peignes sont de ce nombre. Beaucoup de personnes se servent, pour faire leurs peignes, d'un outil qu'on nomme tiers-point ; mais la meilleure méthode est d'employer des molettes : voilà, au reste, la marche qu'on peut suivre.

Manière de tailler les peignes. — On prend un morceau de fer de longueur et de grosseur convenables, on le met sur le tour à pointes, et on tourne cylindriquement les deux bouts à distance suffisante pour former des vis ; immédiatement après le rond, on forme aussi à chaque bout un carré bien parfait, dont l'un doit être de six à sept lignes, et l'autre de quatre seulement, puis on ajuste sur les vis des écrous de maintien. Sur le carré le plus court on place une clé à tête carrée, et sur l'autre une molette d'acier fondu d'environ six lignes d'épaisseur et d'un diamètre convenable, et après avoir serré les écrous, on tourne la partie du fer qui reste entre les deux carrés, et on en fait un cylindre aussi parfait et aussi uni qu'il est possible.

On prend ensuite un peigne d'acier fondu qui n'est pas trempé, et on l'ajuste avec une lime à fendre, à angles très-aigus, sur l'un des pas de vis empreints sur l'arbre du tour en l'air. On ne saurait apporter trop d'attention pour s'assurer si le peigne se rapporte parfaitement avec le filet, car autrement l'opération serait manquée. Quand ce peigne est bien ajusté sur le pas de vis, on le trempe, et on s'en sert pour tracer sur la molette, d'abord tous les creux des filets, et ensuite les lignes destinées à former les sommets de ces mêmes filets ; on emporte ensuite avec un burin de forme convenable, toute la matière superflue, en suivant exactement les lignes tracées, on forme les creux et les sommets des filets ; on présente après cela les dents du peigne avec celles de la molette, et quand on est assuré qu'elles emboîtent bien exactement les unes dans les autres, on coupe les creux à angles bien aigus, en se servant d'un burin dont la pointe est très-vive. Il faut avoir soin de tenir les dents de la molette très-droites. On retire ensuite la molette de dessus le mandrin, et on la termine en l'entaillant avec une lime plate à refendre. Avant de dévisser l'écrou de maintien, on a soin de faire un repère, afin de pouvoir remettre la pièce exactement à sa même place. Il ne reste plus qu'à tremper la molette, sans lui donner de recuit.

Quand toutes les molettes sont faites et confectionnées de la même manière, on peut tailler les peignes ; on prend alors de la petite bande d'acier fondu, on la divise en morceaux de longueur convenable ; on lime le côté destiné pour le peigne femelle, par bout et à biseau court, et on lime sur la longueur le côté destiné à former le peigne mâle, parce qu'il doit être un peu moins large que l'autre, et que les dents du peigne doivent faire saillie, et excéder la largeur du reste de la bande ; et pour que ce peigne mâle puisse au besoin remplacer le ciseau de côté, il est bon de lui faire un biseau sur la partie supérieure.

On remet alors la molette avec son mandrin sur le tour, on l'humecte avec de l'huile d'olive ; on prend le peigne qu'on a fait recuire, on le tient d'une manière solide sur le support, et, l'appuyant sur la molette en le tenant bien droit, on met la roue en mouvement. Assez communément, le peigne est formé après quelques tours de roue. On commence ordinairement par le peigne femelle, et on forme ensuite le mâle qui se tourne à gauche ; on tient le biseau en dessus, et faisant porter la planche sur le support, et le biseau sur la molette, on presse dessus avec le pouce de la main gauche en tenant l'outil de la main droite par l'autre bout. Quand les deux peignes sont taillés, on les passe sur une pierre à l'huile, afin d'en aviver le tranchant, puis on les trempe et on leur donne le recuit ; enfin, on donne la dernière façon en passant la pierre du Levant sur le biseau pratiqué au revers du peigne mâle, et sur la table du peigne femelle.

J'observerai, avant de terminer, que le biseau du peigne doit varier suivant la matière qu'on veut lui faire couper ; si c'est du fer, le biseau doit être droit, et en le formant, il faut tenir la main élevée ; si c'est en bois, on baissera la main, parce que le biseau doit être plus long.

Autre méthode. — On emploie, pour tailler les peignes, une autre méthode qui est d'autant plus avantageuse qu'on obtient, en la suivant, des peignes exactement conformes au pas de l'arbre.

On commence par faire un support composé d'une semelle s'arrêtant, comme celle des autres supports, avec un boulon, de deux montans d'égale longueur, et aux extrémités supérieures desquels est une rainure qui descend jusqu'au centre du tour. Les deux montans sont fixés sur la semelle, et assemblés à tenons et à mortaises. Sur ces deux montans est un dossier de trois pouces environ de hauteur, sur lequel est monté une forte lime trois-quarts fixée par deux brides, dont la queue est maintenue par des vis. A la

partie supérieure du dossier, qui se termine par
une poignée dont on se sert pour le mouvoir, est
placée une joue mobile arrêtée par deux vis qui
entrent dans les rainures; cette joue, comme
on le voit, peut se descendre ou se monter au
besoin.

Pour fixer le peigne pendant qu'on le taille,
on fait un mandrin, et on creuse sur sa surface
une rainure assez profonde pour contenir un
peigne de la plus grande dimension. A la joue
supérieure de cette rainure, on fait un trou
destiné à recevoir une vis. Les deux joues doivent être disposées de manière à ce qu'on puisse
donner l'inclinaison convenable pour augmenter ou diminuer à volonté la pente des dents.
La joue inférieure porte deux vis dont l'une doit
aboutir à la vis placée sur la joue supérieure.

On perce ensuite dans la poulie du tour, et
dans la poupée de derrière, deux trous qui se
correspondent parfaitement; au moyen d'une
broche de fer passée dedans, on maintient l'arbre, et on détermine sa révolution avec exactitude.

Quand on veut tailler un peigne, on place
le morceau d'acier, destiné à cet effet, dans la
rainure dont j'ai parlé, et qui est assez profonde
pour le contenir, ayant soin que le bout qui
doit être taillé excède plus ou moins la circonférence du mandrin, suivant l'usage auquel le
peigne est destiné; on donne aussi au morceau
d'acier l'inclinaison convenable; car on sait que
les dents d'un peigne qui doit servir pour le
bois, doivent avoir plus de pente que si le
peigne était destiné pour du fer ou autres métaux. Après avoir placé le support parallèlement à la face du tour, et avec assez d'exactitude pour que la lime puisse affleurer seulement

le bord extérieur du peigne, quand le dossier aura été placé dans les rainures, il ne reste plus qu'à fixer la joue, et à lui donner l'élévation nécessaire pour former la dent aussi profonde que le demande la nature du peigne.

On abaisse alors la clé d'arrêt, on lève celle qui correspond au pas de vis qu'on veut former, et on la fixe au moyen du coin ; faisant alors mouvoir dans la rainure le dossier qui fait l'effet d'une lime, on appuie légèrement, et on commence par tailler le biseau destiné à faire la moitié de la première dent. On taille ensuite la seconde dent, en fixant de la même manière l'arbre, après lui avoir fait faire une révolution ; enfin, on continue à opérer de même jusqu'à ce que le peigne soit terminé.

Pour tailler le peigne destiné à faire les écrous, on place le morceau d'acier sur la circonférence du cylindre ; mais comme l'entaille faite sur ce cylindre ne serait pas assez longue, on la prolonge d'environ un pouce et toujours à la même profondeur. Le peigne dans cette position est maintenu par la vis qui se trouve à la partie inférieure de l'entaille.

Les deux méthodes que je viens de donner ont chacune des partisans, et sont également bonnes ; cependant je crois que la dernière est préférable (1).

---

(1) Il en est une troisième, préférable aux deux autres, c'est de se servir pour tailler les peignes des taraux-mères qui font les coussinets des filières doubles ; on peut voir la description de ce procédé bien simple dans le *Journal des Ateliers* (juin et juillet 1829, pag. 142).

M. Séguier emploie une méthode aussi simple que facile pour relever un pas de vis, et obtenir la division d'un peigne. Il prend un morceau de cuivre ou même de plomb de la largeur que doit avoir le peigne, et il lui donne par le bout la forme d'une lame de couteau; il place en travers ce bout sur le pas de vis qu'il veut relever sur son arbre, et frappe avec un marteau sur l'autre bout du morceau de cuivre ou de plomb; par ce moyen les filets s'impriment suivant leur direction sur le cuivre ou le plomb; il place la lame ainsi disposée sur le morceau d'acier préparé pour faire le peigne; il marque les filets avec un burin ou tout autre instrument, et achève le peigne avec la lime. Il m'a montré des peignes faits de cette manière qui sont de la plus grande exactitude.

CHAPITRE III.

MANIÈRE D'AFFUTER LES OUTILS.

Les principaux outils dont on doit se munir quand on commence à tourner, sont une hache pour préparer le bois, des ciseaux, des gouges et des grains d'orge. Comme le tranchant de ces outils s'émousse par le travail, on est obligé de les affûter souvent, et cette opération demande beaucoup d'attention, parce qu'elle est beaucoup plus difficile qu'on ne se l'imagine au premier abord.

La première chose nécessaire est une bonne meule. Sa grandeur dépend ordinairement de l'importance de l'atelier pour lequel elle est destinée ; mais pour les amateurs, il suffit qu'elle ait de vingt-huit à trente lignes d'épaisseur sur dix-huit à vingt pouces de diamètre. On la choisit ordinairement d'un grain uni et fin, et qui ne soit ni trop dure ni trop tendre. On la place sur un châssis, et on la fait tourner au moyen d'une manivelle en fer, faite en forme d'un C, et qui est adaptée à l'un des bouts de l'arbre aussi de fer, qui la supporte. Le trou par où passe cet arbre, et qu'on nomme l'œil, doit être placé très-exactement au centre de la meule, parce qu'autrement elle ne serait pas ronde. L'arbre doit aussi être placé très-droit ; on s'en assure en le tâtant avec une équerre sur ses quatre coins. Pour rendre l'arbre immobile dans l'œil de la meule, on le fixe d'abord avec des petits coins de bois, et ensuite avec du plomb fondu qu'on insinue dans toutes les ouvertures. Le châssis sur lequel est placé la roue doit être solide et bien d'aplomb ; pour que les entailles sur lesquelles porte l'arbre par les deux bouts ne s'usent pas trop promptement, on les garnit avec des coussinets de gaïac ou d'un autre bois dur, ou mieux encore avec des coussinets en cuivre jaune ; de quelque matière qu'ils soient faits, on a soin de les recouvrir, ainsi que l'arbre, avec un morceau de cuir ou avec une petite planche, afin qu'ils ne soient pas gâtés par l'eau et le sablon qui se détache de la meule. Sous la meule est placée une augette, ou petite auge dans laquelle on met assez d'eau pour qu'elle puisse baigner le sixième de son diamètre. On se servait autrefois de la meule à sec, ou de celle qu'on nomme à *gagne-petit ;* mais il est reconnu que la meule à l'eau est la meilleure, et c'est celle dont on se sert le plus généralement aujourd'hui. Quand on veut affûter les outils, on fait mouvoir la meule au moyen d'une pédale fixée au pied du châssis. Une précaution qu'on ne doit pas omettre, c'est de vérifier si la meule placée sur son châssis est bien ronde : je donnerai plus bas le moyen de l'arrondir. On doit examiner avec grand soin une meule avant de l'acheter, car souvent il s'y rencontre des défauts très grands que les marchands ont l'art de savoir masquer. Un amateur m'a donné, pour percer une meule, la méthode suivante, qui est très-facile.

On fait une langue de carpe, c'est-à-dire un outil à quatre biseaux de la forme d'un grain d'orge, de la grosseur qu'on désire. On saisit perpendiculairement cet outil au milieu des deux mâchoires d'un étau, et on place la meule bien par son centre, sur la pointe tranchante de l'outil ; on agite la meule, en la tournant insensiblement de temps à autre, et ainsi, par son propre poids, elle se trouve percée, et le trou se trouve parfaitement au centre.

La meule n'est pas suffisante pour affûter les outils : on a encore besoin d'une pierre à l'huile, et cette pierre est si importante qu'on ne saurait apporter trop d'attention et trop de précautions dans le choix qu'on en fait.

Les pierres à l'huile sont de différentes espèces ; on en trouve dans plusieurs endroits de la France, mais celles de Lorraine sont les meilleures ; cependant elles n'égalent jamais en qualité celles de la Turquie. Les pierres de Lorraine sont en général trop dures, aussi cherche-t-on toujours celles qui sont plus tendres ; on les connaît d'abord à leur couleur qui est d'un brun rouge, et ensuite au grain qui est fin et serré.

Les pierres du Levant viennent des environs de Constantinople, où elles se trouvent en petits blocs de forme oblongue; il en est qui sont extrêmement dures, et d'autres qui sont un peu plus tendres, et ce sont celles-là qu'on doit choisir, parce qu'elles conviennent à tous les outils, tandis qu'on ne peut guère se servir des dures que pour les burins et autres outils à angles. On connaît la pierre du Levant à sa couleur qui est d'un gris-blanc sale, ou tirant sur le blond, et à ses angles qui doivent offrir une légère transparence. Parfois il se trouve dans l'intérieur de ces pierres des nœuds très-durs qu'on nomme *clous* ou *dragons*, qui nuisent beaucoup à leur qualité, et qui produisent le plus mauvais effet; car l'outil, en passant dessus, contracte souvent de très-larges brèches; il n'est pas facile de connaître l'existence de ces nœuds; cependant, comme on a observé qu'ils sont ordinairement tachetés de roux et qu'ils marbrent la pierre en gris obscur, on présume qu'il en existe dans les pierres qui offrent cette couleur. On choisit de préférence les pierres qui sont d'un gris de fer, quoique ces dernières aient aussi le défaut presque général d'être fendues en plusieurs sens et en différens endroits, et par là même de se séparer si elles ne sont pas bien contenues. Pour savoir si une pierre du Levant est bonne, on l'humecte avec un peu d'huile d'olive, puis on frotte une lime dessus; d'autres, au lieu de lime, se servent d'un burin bien trempé qu'ils passent dessus en l'appuyant fortement. On monte ordinairement les pierres à l'huile, c'est-à-dire qu'on les enclave dans un morceau de bois; on est même assez dans l'usage de les enfermer dans une boîte de fer-blanc pour les préserver de la poussière.

On ne peut bien affûter un outil si l'on ne connaît la matière dont il est composé, soit en partie, soit en totalité ; ainsi on doit savoir que le ciseau du tourneur et le fermoir du menuisier, ne sont d'acier que dans l'intérieur, et que les deux surfaces sont de fer soudé et corroyé ; que la gouge est en fer, et que sa surface extérieure seule est en acier. On ne fait en acier pur que les outils destinés à couper le fer. Parmi les outils, les uns ont deux biseaux, les autres n'en ont qu'un seul ; mais les uns comme les autres veulent d'abord être affûtés sur la meule. Rien n'est à négliger dans cette opération ; on doit mettre à tourner la meule, le même soin, la même attention que pour faire mouvoir le tour, car il ne faut que quelques mouvemens un peu marqués du corps, en faisant agir la pédale qui donne le mouvement à la meule, pour que cette meule cesse bientôt d'être ronde, et d'être en état d'affûter un outil convenablement. Dès qu'on s'aperçoit qu'elle ne tourne plus rond, il faut la réparer, et on y parvient au moyen d'un morceau de tôle ou bien encore mieux d'un morceau de fleuret, qu'on appuie sur un point fixe, tournant ensuite jusqu'à ce que la meule soit redevenue parfaitement ronde. Quand elle est dans l'état désiré, on appuie dessus l'outil d'une manière uniforme, en ayant soin de le présenter de biais. La meule doit tourner de gauche à droite, c'est-à-dire qu'elle ne doit pas venir sur l'outil, mais au contraire s'en aller du côté opposé à la personne qui la fait agir. Comme le biseau doit être bien plat et présenter une ligne droite, on a soin de regarder souvent comment il se forme ; on doit avoir aussi la plus grande attention à tenir la main à la même distance, et à ne pas faire des mouvemens de corps capables de la faire varier, car autrement chaque reprise formerait un nouveau plan incliné, et la surface du biseau serait courbe au lieu d'être plate. Quand on veut que l'outil coupe bien et en même temps très-net, on doit le prendre de long. Beaucoup d'ouvriers n'ayant pas de meule, sont obligés de se servir, pour affûter, d'un grès plat; mais bien rarement le biseau de leurs outils est droit, presque toujours il présente deux lignes courbes qui se coupent aux sommet du tranchant. On doit donc s'appliquer à décrire sur le grès, avec le biseau, une ligne bien parallèle, et faite en sorte de ne pas élever la main en retirant l'outil, et de ne pas la baisser en le poussant, car autrement il en résulterait nécessairement une ligne courbe. C'est une mauvaise méthode que d'affûter court, car le biseau coupe moins bien, et tôt ou tard on est obligé de le refaire en entier, ce qui enlève un temps considérable. Il est cependant des circonstances où le biseau doit être court, par exemple, quand l'outil doit servir à tourner les bois à travers fil, comme, par exemple, quand on fait des boîtes à savon en noyer.

Quand on affûte un ciseau, on doit le tenir de la main droite et appuyer, selon le besoin, d'un côté ou d'un autre avec le pouce et les deux premiers doigts de la main gauche; on doit aussi regarder très-souvent afin de voir comment se forme le biseau, et quels sont les endroits sur lesquels il faut appuyer, ce qui se connaît par les traits de la meule. Quand le tranchant est creux, on appuie sur les angles; s'il est rond, on appuie sur le milieu, et on répète la même chose jusqu'à ce que le tranchant soit bien droit. Lorsqu'on n'aperçoit plus aucun

blanc vers le sommet de l'angle, et que les traits
du grès parcourent le biseau dans toute sa longueur, on juge que l'outil est suffisamment affûté. Pour affûter le second côté de l'outil, on le
retourne, on le change de main, et on répète
l'opération que je viens de décrire. Parfois la
lame de l'outil est plus large que la meule, alors
on doit promener cette lame sur la meule, en
ayant soin de donner constamment à la main
droite la même inclinaison.

Quand, pour emporter quelque brèche, on a
été forcé de tenir long-temps l'outil sur la meule
et d'user beaucoup, il se forme au tranchant une
bavure qu'on nomme *morfil*, et qu'il faut nécessairement enlever pour donner au tranchant
le vif qui lui est nécessaire. Cette opération
souffre quelques difficultés ; cependant avec de
l'intelligence et de l'attention on parvient à l'exécuter. Pour enlever le morfil dans les petits
outils, on les pique fortement dans un morceau
de bois de fil ; mais ce moyen ne peut être employé pour les gros outils : on est obligé de ployer
le morfil, tantôt à gauche, tantôt à droite, et au
bout de quelque temps on parvient à l'arracher.
Il est un moyen bien simple d'enlever le morfil ;
c'est de prendre un morceau de bois de fil,
coupé par un bout bien carrément, de tenir l'outil bien directement à quatre à cinq pouces d'é-
lévation, et de le laisser tomber perpendiculairement à différentes reprises sur le biseau : par
ce moyen le morfil se rebrousse, et tombe tout
seul aussitôt que vous présentez l'outil à la pierre.
Les tabletiers enlèvent communément le morfil
avec la pierre.

Voici la méthode qui est le plus généralement
suivie en pareil cas : on verse sur la pierre
à l'huile, dont j'ai parlé plus haut, quelques

gouttes de bonne huile d'olive, et on promène sur cette pierre, qui est placée à plat, et qui peut même être contenue au moyen d'un valet, le ciseau dont on veut ôter le morfil; on doit, en le promenant, décrire des cercles excentriques plus ou moins grands sur toute la surface de la pierre. On tient l'outil de la main droite, et on appuie toujours avec l'index et le médius, de la main gauche. Pour obtenir un biseau tant soit peu plus obtus que celui qui a été fait sur la meule, on élève un peu la main droite. Après avoir suivi quelques minutes ce procédé pour les deux côtés, le morfil se détache en différentes parties, et est retenu par l'huile sur la pierre. Il faut l'ôter avec soin; car s'il en restait la plus petite partie sur la pierre, elle ébrècherait l'outil. On continue ensuite en retournant continuellement l'outil d'un côté et de l'autre, et en décrivant des cercles très-petits: chaque fois qu'on tourne l'outil, on doit le pousser en avant.

Après un certain espace de temps, le morfil n'est plus sensible à la vue; mais en appuyant légèrement les doigts, et en les traînant un peu sur le tranchant, on s'aperçoit s'il en reste encore: dans l'affirmative, il faut remettre l'outil sur la pierre, et continuer comme je viens de le dire à le tourner de droite à gauche, et de gauche à droite, jusqu'à ce que le tranchant, n'offrant plus d'aspérités, soit devenu aussi coupant qu'on le désire. Il faut avoir grand soin en passant l'outil sur la pierre de le tenir toujours à plat, et de faire en sorte que le biseau fait par la meule plaque exactement dessus.

La manière d'affûter les gouges varie suivant la grosseur de cet outil. On doit en avoir de plu-

sieurs espèces, et de différentes grosseurs. Les
unes servent à dégrossir le bois, et les autres à
creuser des gorges et des dégagemens. Pour les
bois tendres, il faut des gouges très-grosses et
affûtées bien vif; mais on ne doit jamais se servir de ces gouges longues qui sont en usage chez
les tourneurs en chaises: on maîtrise et on assujettit plus facilement un outil de dix à douze
pouces de longueur qu'un outil qui a dix-huit à
vingt pouces.

Les gouges s'affûtent en dessous, c'est-à-dire
sur la partie extérieure; on tient le manche de
la main droite, et on fait tourner continuellement
l'outil entre les doigts de la main gauche; c'est
cette main qui appuie sur la meule. Le biseau
doit être parfaitement arrondi, et le morfil doit
déborder dans toutes les parties de la cannelure.
Pour ne pas faire d'ondulation au morfil, il faut
toujours amener vers soi le morfil au bout de la
gouge. Pour affiler les gouges on se sert d'un affiloir; cet affiloir n'est rien autre chose qu'une
pierre d'un grain très-fin, et qui est ordinairement d'un gris bleuâtre : on doit en avoir plusieurs et qui soient proportionnées à la grosseur
des gouges; on les achète brutes, on les arrondit
et on les réduit à la grosseur désirée, en les frottant sur une tuile neuve, ou bien en les usant
sur la meule.

Quand on veut affiler une gouge, on la saisit
de la main gauche vers son extrémité, et on la
tient entre le pouce et l'index : prenant ensuite
un affiloir plat de la main droite, on le trempe
dans l'eau et on le passe sur le biseau, ayant soin
de l'incliner du côté du tranchant. Après avoir
renversé le morfil vers le dedans de la gouge,
avec l'affiloir plat, qu'on a dû passer à différentes
fois sur le biseau, en descendant vers le manche,

on prend un affiloir rond, on le plonge dans
l'eau, puis l'appliquant parfaitement sur toute
la cannelure, on le descend, et on détache le
morfil. Si cette opération est bien faite, on est
assuré qu'il n'y aura de biseau que par dehors,
et que la cannelure sera très-droite. Pour affiler
les gouges dont le tranchant doit être très-fin,
on se sert d'affiloirs particuliers faits avec la pierre
du Levant.

Le grain d'orge est difficile à affûter sur la
meule : cet outil, qui est de la longueur d'un
ciseau carré méplat, présente à son sommet un
angle aigu ; les deux côtés de cet angle font un
angle aigu avec le dessus de l'outil, et cet angle
doit être plus ou moins aigu, suivant la nature
du bois ou du métal qu'on veut travailler : on
affûte le grain d'orge du côté droit ; pour affûter le côté gauche, il faudrait présenter l'outil
à peu près debout à la rencontre de la meule :
on pourrait aussi le présenter sur le côté latéral
droit ; mais il est très-difficile de le tenir dans
les doigts. Pour passer le grain d'orge sur la
pierre à l'huile, on le pose à plat, et on mange
le morfil avec de petits affiloirs de pierre du
Levant. Les deux biseaux de cet outil doivent
être bien droits ; le sommet de l'angle qu'ils forment doit se trouver exactement au centre de
la largeur, les deux biseaux doivent être également inclinés : il n'est pas aisé de réunir
toutes ces qualités en affûtant un outil qui doit
d'ailleurs être très-aigu et très-tranchant par les
côtés.

Ce n'est que par l'expérience et l'usage qu'on
peut acquérir la facilité nécessaire pour bien
affûter les outils ; mais un principe dont il ne
faut jamais s'écarter, c'est que le côté plat de
l'outil ne doit point être usé, et qu'on ne peut

avoir de bons taillans s'ils ne sont droits et sans morfil.

Indépendamment des outils dont je viens de parler, on doit avoir une hache propre à préparer le bois destiné au tour. On se sert ordinairement pour cet usage de la hache qu'on nomme en planche; c'est-à-dire qui est assez plate pour s'appliquer comme une planche contre un plan, sans que l'ouvrier coure le danger de s'écorcher les doigts. Cette hache ressemble à la doloire d'un tonnelier: avec une hache de cette espèce, on a le double avantage de planer le bois presqu'aussi bien qu'avec un rabot, et d'en emporter, suivant le besoin, des parties plus ou moins considérables, suivant l'inclinaison qu'on donne à l'outil.

Les crochets destinés à tourner le fer ne s'affûtent pas comme les autres outils; car la meule, pour affûter ceux-là, revient dessus, c'est-à-dire vers l'ouvrier. Pour bien réussir dans cette opération, qui n'est pas facile, on pose le dos de l'outil sur l'index de la main gauche, et on le dirige avec la main droite, qui tient le manche, et qui le fait tourner dans tous les sens.

Pour dégrossir un morceau de bois avec la hache, on l'appuie sur un billot fait ordinairement d'un bois dur, de bout, et qui ne doit pas être pris tout-à-fait de fil. Un morceau d'orme tortillard est excellent pour cet usage: on prend le bois de bout pour ménager le tranchant de la hache, qui s'émousserait en tombant sur un bois de travers.

J'observerai qu'on ne saurait jamais prendre trop de précautions pour ne pas gâter les outils, que le plus léger contact d'un corps étranger et dur peut ébrécher; on ferait fort bien d'avoir

devant soi, et à sa portée, un râtelier où ils seraient placés par ordre, et où l'on pourrait les
prendre et les remettre à volonté, et sans se déplacer. Dans tous les cas, il est bon de les disposer sur l'établi, de manière à ce qu'ils ne soient
pas exposés à être jetés par terre, soit par
les mouvemens du tour, soit par ceux de l'ouvrier.

CHAPITRE IV.

DES DIFFÉRENTES POUPÉES.

SECTION PREMIÈRE.

Des poupées fendues et à cales.

Les poupées de ce genre servent à contenir,
sur le tour à pointes, des pièces longues et
minces qu'on ne pourrait tourner bien rondes
parce que la pression de l'outil les ferait nécessairement fléchir. On sent la nécessité d'a-
voir plusieurs poupées de ce genre; comme
elles n'ont pas besoin de beaucoup de force,
on peut faire la queue et la mortaise qui passent en dessous de l'établi et qui servent à la
serrer, moins longues que pour les autres
poupées; par ce moyen, l'ouvrier ne craint
pas de se heurter le genou lorsque la pédale
remonte. Pour faire une poupée fendue, on
prend un morceau de frêne ou de noyer, on
en scie la partie supérieure carrément, et à
quelques pouces au-dessous des pointes des

autres poupées, on fend de deux traits de scie, distans de deux à trois lignes l'un de l'autre, l'intérieur de la pièce de bois, depuis le haut jusque dans la mortaise de la queue, de manière que le bois qui se trouve entre les deux traits de scie étant ôté, la pièce forme à sa partie supérieure deux mâchoires élastiques. On fait transversalement dans le milieu de ces mâchoires un trou rond qui est destiné à recevoir une vis de pression qu'on peut faire en fer ou en bois; on conserve à la tête de cette vis un boulon percé, dans lequel on peut introduire une clé pour serrer et desserrer, selon le besoin, les mâchoires de la poupée. Le trou de la poupée de droite et la partie de la vis qui entre dans ce trou n'ont pas besoin d'être filetés; on doit avoir un assez grand nombre de cales portant des échancrures de différentes dimensions, car c'est dans ces échancrures que porte la pièce qu'on veut soutenir. Les cales se font avec de petites planchettes bien dressées, de deux à trois lignes d'épaisseur et de largeur convenable ; on presse ces cales sur leur largeur entre les mâchoires, et on les place de manière que la pièce qu'on tourne porte exactement et bien directement sur les échancrures ; on peut, au besoin, mettre sur la longueur de la pièce deux ou trois poupées, et par conséquent autant de cales.

Au lieu de tenons et de mortaises, on peut fixer les poupées fendues sur le tour, avec une vis à la romaine, ou bien avec un écrou à oreilles. Cette méthode est même la plus commode, quand on a besoin de changer souvent les poupées de place. (Voyez *Pl.* I, *fig.* 68.)

M. Chazeret veut qu'on ne se serve jamais

que d'un seul rapport ou d'une seule poupée
qu'on éloigne au fur et à mesure qu'on tourne
la pièce, et en observant des distances proportionnées à la longueur de la pièce, en ayant
soin de marquer bien rond avec la gouge la
place où le support doit être mis; il veut encore que ce support ou poupée soit fait en forme
de V.

SECTION II.

Poupée à collets et à vis de rappel.

Cette poupée est d'autant plus utile qu'elle ne
présente aucun des inconvéniens qu'on rencontre
dans toutes les poupées à collets inventées jusqu'à ce jour.

Dans l'intérieur des deux montans qui composent une portion du corps de la poupée, et
sur leur longueur, est pratiquée une rainure;
dans cette rainure sont placés deux collets en
bois dur, tel que le buis ou autre, formant
chacun un parallélogramme sur la moitié de la
longueur duquel on fait une entaille de même
forme. A partir de ce point, c'est-à-dire du
milieu, et à la partie où les collets se joignent,
on forme deux triangles dont les angles, se
rapportant parfaitement, présentent un carré à
quelque point que les collets se réunissent. Les
collets doivent glisser très-juste dans les rainures;
à l'extrémité supérieure du collet inférieur est
pratiqué un écrou; le collet d'en haut porte
aussi à son extrémité supérieure une pièce brisée, percée cylindriquement et contenant le bout
d'une vis dont la partie supérieure n'a qu'un filet, tandis que la partie inférieure en a deux;
l'extrémité inférieure de cette vis est à portée
lisse.

Dans l'écrou pratiqué, comme je l'ai dit, à l'extrémité supérieure du collet inférieur, passe la partie de la vis qui a deux filets, et la partie qui n'en a qu'un passe dans un écrou taraudé dans le chapeau de la poupée. La pièce brisée contient la partie lisse de la vis ; cette vis tourne au moyen d'une poignée pratiquée à son extrémité supérieure, excédant la hauteur de la poupée.

La vis ainsi placée fait rappel, et par ce moyen on peut à volonté agrandir ou diminuer le trou carré dans lequel passe la pièce pendant qu'on la tourne. Je ne m'étendrai pas plus au long sur ce mécanisme par le moyen duquel deux pièces marchant en sens contraire, s'avancent et reculent en même temps et simultanément selon le besoin. (Voyez *Pl.* II, *fig.* 3o.)

Au reste, cette poupée est faite, quant à ses autres parties, comme toutes les poupées à collets, et se place sur le tour de la même manière.

SECTION III.

Poupée à jour.

On se sert, pour tourner les métaux, d'une poupée à jour dont on peut voir le modèle (*Pl.* III, *fig.* 2). Cette poupée, qui n'est pas généralement adoptée, présente cependant quelques avantages ; le cylindre, comme on le voit, est, pour plus de solidité, soutenu par le milieu ; il est percé et taraudé par le bout, et de cette manière on peut changer à volonté les pointes. La poupée, au moyen de la vis et de l'écrou qu'on remarque

sur la partie basse du châssis, se serre en-dessus
de l'établi (1).

~~~~~~

CHAPITRE V.

DES LUNETTES,

Les tourneurs nomment lunette un plateau
rond, en cuivre ou en fer, au centre duquel on

---

(1) Les diverses poupées à pointes que nous venons
de faire connaître, seront très-suffisantes pour les
cas ordinaires ; mais lorsqu'il s'agira soit de déve-
lopper une grande force, soit d'obtenir une précision
absolue, comme lorsqu'il s'agit de la fabrication des
instrumens d'optique, de mathématiques, de géométrie, d'astronomie, elles seront insuffisantes; il fau-
dra recourir alors à une méthode plus sûre. La description des poupées à pointes récemment inventées
et dans lesquelles la force de la vis se trouve savam-
ment combinée avec la précision des broches dont
les horlogers font usage dans leurs tours , nous entraî-
nerait dans de longues explications, et nécessite-
rait une série de figures qu'il est impossible de comprendre dans un Manuel. Nous sommes encore contraints, dans ce cas, de renvoyer ceux qui voudront
faire une étude approfondie de cette partie de l'art
du tourneur, au *Journal des Ateliers*, que nous avons
déjà cité plus d'une fois, et auquel nous serons pro-
bablement encore contraints de renvoyer les lecteurs :
ils y trouveront, dans le premier volume, page 161,
les détails très-circonstanciés de la construction des
poupées à pointes, ainsi que des modèles élégans.

a pratiqué un trou circulaire; dans ce trou entre bien juste un boulon de fer à tête un peu moins longue que le plateau n'est épais, et aussi ronde qu'il est possible de la faire. La partie du boulon qui entre dans l'épaisseur de la poupée est carrée, et celle qui excède cette épaisseur est taraudée de manière à recevoir un écrou. Il est aisé de voir que la lunette appliquée intérieurement contre la poupée, roule sur le collet du boulon, et qu'elle peut au besoin y être retenue solidement, car le boulon arrêté par sa tête d'un côté, traversant ensuite la poupée, et recevant un écrou qu'on serre à volonté contre la partie extérieure de la poupée, doit nécessairement fixer la lunette d'une manière invariable.

Autour de la lunette sont pratiqués sur une même ligne circulaire, douze trous de figure conique, et dont le diamètre s'accroît progressivement depuis le premier jusqu'au dernier. Quand on veut se servir de la lunette, on la place donc sur la poupée dont j'ai donné ailleurs la description, et on cherche parmi les trous celui qui convient à la pièce qu'on veut tourner et qui est déjà ronde par le bout; quand on l'a trouvé, on fixe la lunette.

Quelques tourneurs préfèrent la lunette en fer; ils prétendent que le mouvement imprimé à la pièce est beaucoup plus doux que quand on se sert d'une lunette de cuivre. D'ailleurs, la lunette de cuivre imprime sur l'ivoire et sur le bois, un cercle de couleur brune qu'il est très-difficile de faire disparaître : inconvénient qu'on n'éprouve pas avec la lunette de fer.

Quand on cherche l'économie, on peut faire ses lunettes soi-même, mais il faut en avoir plusieurs à choisir, ou bien les faire au fur et à mesure qu'on en a besoin ; on prend alors une petite planche de cormier, d'olivier ou de tout autre bois dur ; cette planche d'un carré long doit avoir six à sept pouces de longueur sur quatre de largeur, et six à sept lignes d'épaisseur ; on pratique sur le bas, et parfaitement au milieu, une entaille de la profondeur à peu près de la moitié de la planchette, et de largeur suffisante pour qu'elle puisse glisser sur le collet du boulon ; au haut de la planchette et bien au centre, on perce avec un vilebrequin ordinaire, un trou plus petit que la grosseur du mandrin dont je vais parler.

On tourne un cylindre auquel on donne une forme conique très-alongée, et on le fait entrer dans le trou pratiqué dans la planchette un peu à force, mais cependant pas assez pour faire fendre la planche. On met le mandrin sur le tour, et on s'assure si la planche tourne bien droit : dans le cas contraire, on la redresse avec un maillet, on creuse alors avec un grain d'orge de forme convenable le trou conique dans lequel droit entrer la pièce qu'on veut tourner. Quand ce trou est fait, on le mesure avec le maître à danser, et s'il est dans toute sa profondeur, d'une grandeur suffisante pour contenir la pièce, on le frotte tout autour avec du savon, afin que le frottement soit plus doux, et ensuite on peut s'en servir.

SECTION PREMIÈRE.

Lunettes à coussinets.

On fait des lunettes à coussinets que les uns

vantent beaucoup et que les autres regardent
comme inutiles : ces lunettes sont composées de
deux couteaux de fer ou de cuivre, dont l'un est
placé dans le haut, et l'autre dans le bas ; ces
deux couteaux, au centre desquels sont pratiquées deux demi-lunes, sont encadrés entre deux
montans joints en haut par une traverse ; cette
traverse est fixée sur les montans avec des vis,
et à son centre elle porte une vis de pression.
Au bas du cadre, et également au centre, se
trouve aussi une vis de pression, et c'est au moyen
de ces deux vis qu'on approche ou qu'on recule,
suivant le diamètre de la pièce qu'on tourne,
les deux couteaux qui glissent sur une rainure
pratiquée à l'intérieur de chaque montant ; on
voit (*Pl*, III, *fig.* 13) cette lunette qui, dans
quelques circonstances, peut être d'une certaine
utilité (1).

SECTION II.

Lunette à réglettes.

On a imaginé une nouvelle lunette qui est
assez ingénieuse, et qui produit à peu près le
même effet que la machine sur laquelle les horlogers placent et maintiennent des mouvemens
de montre de toute grandeur. Cette lunette,
comme on le voit (*Pl.* III, *fig.* 23), est composée d'une plaque de cuivre ou de fer bien ar-

---

(1) On substitue avec avantage, aux deux couteaux
semi-circulaires, deux couteaux taillés à angles rentrans. Par ce moyen on évite des frottemens et on
généralise davantage l'effet de la lunette.

rondie, dont la circonférence est proportionnée à la hauteur des pointes, et vers l'extrémité de laquelle on a pratiqué trois entailles d'égale longueur et d'égale largeur; de trois réglettes de fer, et de six clous ou vis à tête taraudés par le bout, et recevant des écrous au moyen desquels on fixe au point nécessaire les réglettes qui forment triangle dans toutes les positions où l'on peut les mettre. L'inspection de la figure suffit seule pour faire comprendre quelle est la structure de la lunette et quel est le jeu des réglettes : on voit qu'en approchant ou en reculant les réglettes, on forme un triangle plus ou moins grand, et que, par conséquent, on peut y placer des pièces de toute grosseur. Pour que le frottement soit plus doux, il est bon d'arrondir la face intérieure de chaque réglette.

M. Séguier recommande particulièrement les lunettes en bois, d'abord à cause de la facilité avec laquelle on les fait, et ensuite parce qu'elles n'ont les inconvéniens, ni de celles en fer, ni de celles en cuivre (1).

CHAPITRE VI.

DES MANDRINS.

SECTION PREMIÈRE.

Mandrins pour le tour à pointes.

Ces mandrins se réduisent à trois ou quatre; on s'en sert quand on tourne des pièces d'un

(1) On a inventé récemment deux poupées à lu-

bois précieux qu'on veut économiser, ou bien quand ces pièces mêmes exigent, par leur forme, qu'on supprime tout le bois qui n'en fait pas partie.

Le *Mandrin à griffes* sert à tourner sur le tour à pointes, un cadre, une roue, et en général toutes les pièces qui doivent former un cercle vidé. Pour faire un mandrin de cette espèce, on prend un morceau de bois de grosseur proportionnée à la pièce qu'on veut appliquer dessus, et long environ de quatre pouces; on l'évide sur son centre, et on forme une bobine propre à contenir la corde; l'extrémité gauche du mandrin se termine en cône. A l'extrémité droite, on réserve une embase de douze à quinze lignes de longueur, qu'on coupe à angles vifs, et qui doit présenter une surface parfaitement d'équerre et bien unie; sur cette surface, et à dix à douze lignes de la circonférence, on trace un cercle, puis après avoir ôté le mandrin de dessus le tour, on détermine le nombre des griffes qu'on croit nécessaires; ce nombre est ordinairement de trois ou de cinq. En supposant qu'on admette ce dernier nombre, on divise avec un compas, en quatre parties égales, le cercle dont j'ai parlé plus haut; on marque chaque division avec un point, et prenant des bouts de fil d'acier de sept à huit lignes de longueur, on les enfonce sur les points

---

nelle universelle extrêmement commodes, faciles à exécuter et très-économiques; l'une est due à un conseiller près d'une cour royale, l'autre à M. Prévost, chef de bureau à la préfecture de la Vienne; elles sont décrites dans le *Journal des Ateliers* (décembre 1829).

marqués, de manière à ce qu'il ne leur reste pas plus de trois lignes de saillie; on enfonce aussi un semblable bout dans le trou fait au centre de la pièce par la pointe de la poupée, mais ce dernier bout doit saillir de quatre lignes. On appointit tous ces bouts avec une lime bâtarde, suffisamment pour qu'ils puissent entrer dans la pièce qu'on veut tourner. Quand on s'est assuré que cette pièce doit être bien arrondie et parfaitement d'équerre, on prend le centre avec un compas, et on trace ensuite un cercle qui doit correspondre exactement avec celui qui a été tracé sur la surface du mandrin; on divise également ce cercle en cinq parties égales, et on marque les divisions par des points: on applique alors le mandrin sur la pièce, de manière à ce que chaque pointe se trouve exactement placée sur un des points marqués, puis avec un maillet on frappe sur le bout opposé, jusqu'à ce que la surface de la pièce joigne partout exactement la surface du mandrin. Pour que l'opération soit plus facile, on met la pièce sur un établi ou sur un billot où elle porte bien à plat; on remet après cela le mandrin entre deux pointes, on s'assure si la pièce tourne bien rond, et on la travaille. On sent qu'il est nécessaire d'en avoir de différentes grandeurs. (Voy. *Pl.* III, *fig.* 47.)

On nomme *triboulet* (Voyez *Pl.* III, *fig.* 46) un mandrin dont on se sert pour tourner des cercles et autres objets d'une petite dimension; on donne à ce mandrin depuis six jusqu'à dix pouces de longueur, suivant la nature et la force de la pièce qu'on veut tourner. A gauche, on laisse du bois suffisamment pour faire une bobine; on tourne ensuite le reste, on le réduit à la moitié à peu près du diamètre de la

bobine, et on forme un cône, qui, à partir
de l'embase, doit aller toujours en diminuant
jusqu'au bout, mais d'une manière peu sensible. Quand on veut tourner un cercle, une
virole, ou tout autre objet de même nature,
on introduit le mandrin dans un trou fait au
centre de la pièce, et on l'y fait entrer un peu
à force afin que la pièce puisse résister, sans
tourner sur le mandrin, à l'action de l'outil.
On perce ordinairement le morceau de bois
qu'on veut tourner avec une mèche anglaise.
(Voyez cette mèche *Pl.* II, *fig.* 60.) Il arrive
parfois que la pièce doit être tournée sur les
deux faces; alors, sans la déranger, on change
le mandrin de bout, c'est-à-dire qu'on met à
droite la bobine qui était à gauche, et rien n'est
plus facile, puisque le mandrin fait d'une seule
pièce, conserve à chaque bout l'empreinte des
pointes des poupées. Il se présente cependant
un petit obstacle, car la bobine placée maintenant à la droite de l'ouvrier, ne peut plus servir pour mettre la corde : cet obstacle se lève
en mettant sur le bout du cylindre qui est à
gauche, une bobine percée au centre, et qu'on
fait entrer avec un peu de force. On doit aussi
avoir plusieurs mandrins de cette espèce.

Il est une troisième espèce de mandrins
qu'on nomme à *arbre* et qui se fabrique de la
manière suivante : on prend un morceau de
bois dur et bien sain, de trois pouces de longueur, et on en forme une bobine d'environ dix-huit lignes de diamètre, ayant deux
embases arrondies dont l'une se termine en
cône, et l'autre est coupée à angles vifs. On perce
cette bobine au centre, dans toute sa longueur,
de manière que le trou soit un peu moins large
du côté plat que du côté terminé en cône,

On prend ensuite un morceau d'acier qui n'est pas trempé, on le lime bien carrément à angles vifs, et on en fait un arbre auquel on peut donner jusqu'à huit pouces de longueur : cet arbre doit être travaillé de manière à ce que partant d'un bout, on lui ait enlevé au bout opposé, d'une manière insensible, un tiers de la grosseur. Cette opération terminée, on marque sur le bout le plus gros, la longueur de la bobine, et dans toute cette partie, on abat légèrement avec une lime les quatre angles du carré; mais sur le reste de l'arbre les angles doivent être abattus de manière à présenter un octogone régulier. On prend ensuite le centre des deux bouts de l'arbre, et on y fait un trou de forme conique et d'une ligne environ de profondeur. Il ne reste plus qu'à placer l'arbre dans le trou de la bobine; on introduit le petit bout du côté où ce trou est le plus large, c'est-à-dire du côté où la bobine se termine en forme conique, et on chasse l'arbre avec un maillet jusqu'à ce qu'il soit entré, de manière à ce que le gros bout affleure la surface de la bobine. Le but qu'on s'est proposé en n'abattant que légèrement les quatre angles du carré de l'arbre, sur une de ses parties seulement, a été, comme on le voit maintenant, de faire mieux tenir l'arbre dans la bobine et de l'empêcher de tourner.

Le mandrin à arbre est nécessaire pour tourner des poulies, des roulettes, et en général toutes les pièces qu'on veut percer transversalement par le centre, c'est pourquoi on doit en avoir de différens calibres, et même d'assez petits pour qu'ils puissent servir à tourner sur un tour d'horloger des pièces très-délicates. Dans ce cas, le mandrin a besoin de quelques modifi-

cations que les amateurs verront facilement.
(Voyez *Pl.* III, *fig.* 4.)

On fait encore des mandrins à vis qui sont
très-commodes pour certains ouvrages. On
tourne une bobine de longueur suffisante pour
contenir la corde, et on la perce au centre; on
tourne ensuite entre deux pointes un morceau
de fer qu'on divise en deux parties; l'une,
c'est-à-dire celle qui doit porter la bobine, reste
carrée, et l'autre est arrondie de manière à
pouvoir être taraudée; il suffit d'y faire trois ou
quatre filets bien profonds. Quand on veut
tourner un pied de vase ou de table, on visse
avec force la pièce sur le mandrin jusqu'à ce
qu'elle porte exactement sur l'embase de la
bobine. On peut, si l'on veut, faire la vis plus
longue, et la garnir d'un écrou en bois dur
avec lequel on assujettira la pièce quand elle en-
trera tout entière sur le mandrin (1).

SECTION II.

Mandrins pour le tour en l'air.

Les mandrins varient à l'infini, et par la

------

(1) Tous ces mandrins sont invariables entre les
pointes et ne peuvent servir que dans le cas où il
s'agit de tourner une pièce dès le principe. S'il s'agit
de retoucher une pièce anciennement tournée et
dont les points de centre sont détruits, ils ne peuvent servir. On a donc imaginé un mandrin brisé à
l'aide duquel le tourneur peut retrouver les centres
perdus, les remettre sur le tour et faire tourner rond
des pièces non susceptibles d'être pointées. On en
trouvera la description dans le numéro de février de
l'ouvrage déjà cité.

forme et par la longueur, il faut avoir presqu'autant de mandrins que de pièces qu'on veut
tourner. Cette partie du tour en l'air à laquelle
on adapte la pièce qu'on veut tourner, est ordinairement en bois dur, comme le cormier,
l'alisier, le pommier, le hêtre. On m'a assuré
que plus le bois était vieux et meilleur il était,
et que plusieurs amateurs se servaient de bois
déjà vermoulu. Les mandrins de buis ne sont
bons que pour les objets menus et délicats; il
faut en avoir aussi quelques-uns en cuivre;
par exemple, celui qu'on nomme à *queue de
cochon* (voyez *Pl.* III, *fig.* 49) sur lequel se
tournent les autres mandrins. Il est essentiel
pour l'amateur de faire ses mandrins lui-même,
même celui à queue de cochon, qui, selon
quelques tourneurs, est aussi bon en bois dur
qu'en cuivre; voilà la méthode qu'on peut
suivre :

On prendra une bûche bien saine de l'un
des bois que je viens de désigner, et on en formera des rouelles depuis deux jusqu'à quatre,
et même cinq pouces d'épaisseur; on gardera
chaque morceau dans toute sa grosseur, afin
de pouvoir faire les mandrins du calibre nécessaire. On prendra ensuite le centre de la
rouelle avec un compas, et on fera un trou avec
une vrille plus petite que la queue de cochon,
et le plus perpendiculairement qu'il sera possible au plan. On vissera la rouelle sur la
queue de cochon, jusqu'à ce que son plan touche à celui du mandrin; mais il faut commencer par dire ce que c'est qu'un mandrin en queue
de cochon.

Ce mandrin, qui, comme je l'ai déjà dit, est
en cuivre, s'achète presque toujours avec le
tour en l'air. Sur l'un des bouts de ce mandrin,

est un écrou qui entre aussi juste que possible sur le nez de l'arbre, et à l'autre bout est placée une tige d'acier, solidement rivée au centre, et faite en forme d'une vis à bois, dont les pas sont écartés et profonds; c'est sur cette vis, comme je l'ai déjà dit, qu'on fixe la rouelle dont on veut faire un mandrin.

Quand cette rouelle est bien fixée, on en ébauche avec la gouge la circonférence, et on dresse le mandrin qu'on veut faire, sur le bout, avec une autre gouge de moyenne grosseur, un peu longue et affûtée de long; pour cette opération, il faut présenter la gouge de côté, de manière que son biseau touche à peu près le plan, et que la cannelure soit de côté. Le plan doit aller un peu en rentrant vers le centre, c'est le moyen de le faire joindre plus exactement contre l'embase du nez de l'arbre. C'est une excellente méthode de couper ainsi le bois par le bout avec une gouge.

On tourne la chaise du support vis-à-vis le plan du mandrin, de manière que la cale se trouve un peu au-dessous du centre de la pièce qu'on veut tourner; il suffit pour cela de desserrer le T du support. On marque ensuite le centre avec un grain d'orge, on fait un trou de trois à quatre lignes de diamètre avec une mèche, ou perçoir, et on agrandit ce trou jusqu'à ce que son ouverture soit un peu moindre que la grosseur du fond du pas du nez de l'arbre; on finit de dresser le trou avec un outil de côté. Le trou doit être un peu plus creux que le nez de l'arbre n'est long; mais sa largeur surtout, et à l'entrée et au fond, doit être exactement la même; pour s'en assurer, on mesure l'entrée et le fond avec un maître à danser, ou compas d'épaisseur.

On forme ensuite l'écrou du mandrin. A cet effet, on ôte le coin qui est sous la clé de cuivre, ou d'arrêt, on baisse cette clé, et on lève celle qui est placée sous le pas de vis du nez de l'arbre qui est ordinairement la plus grosse. On serre cette clé avec un coin qui sert au même usage pour toutes les autres, et on recule le support de manière qu'il ne puisse toucher à la pièce placée sur l'arbre quand elle fait son mouvement; alors on prend le peigne à faire les écrous, et on le place de manière que la première dent, à partir du manche, soit au bord du trou, quand la marche ou pédale est levée; on tient le peigne solidement, mais sans efforts, et on met le tour en mouvement. On doit avoir soin de n'entamer le bois que lorsque la pédale descend, et jamais quand elle remonte. L'usage seul peut apprendre comment, au moyen d'un léger mouvement du pouce, on donne au peigne l'écartement nécessaire. Le peigne dans cet état, étant très-régulier, entame le bois en décrivant des hélices dans l'intérieur du trou, et les dents entrent exactement dans tous les pas.

Comme il arrive souvent que l'arbre, dans sa course, ne produit pas à chaque coup un nombre suffisant de filets, et ne les fait pas assez creux pour que le nez de l'arbre puisse entièrement s'y loger, on élève la pédale, on avance le peigne d'une dent, on baisse le manche, et on continue à tourner; par ce moyen, on avance de deux ou trois filets. Quand les filets sont déjà profonds, on ne met pas le peigne au fond du pas, et on ne prend que peu de bois à la fois; car autrement, le peigne faisant effort, écorcherait le bois, et briserait infailliblement les filets qui sont déjà creusés. Pour éviter cet inconvénient, avant de com-

mencer les filets, il est bon de dégager, avec
un grain d'orge arrondi par le bout, le fond du
trou où se terminent les filets.

Quand le pas est bien égal dans toute sa longueur, et qu'on juge qu'il est assez profond,
on ôte de dessus le tour, et le mandrin et la
pièce sans les séparer, et on vérifie si l'écrou
du mandrin s'adapte à la vis du nez de l'arbre ;
presque toujours on est obligé de recommencer
cette opération qui n'est terminée que quand la
vis du nez de l'arbre entre dans l'écrou du mandrin avec une espèce d'aisance, et lorsque le
bout pose bien contre l'embase ; alors on ôte le
mandrin à queue de cochon, et on termine le
mandrin, tant au bout qu'à sa circonférence,
avec une gouge, et jamais avec un ciseau. On
doit donner le plus grand soin à ce que l'entrée
des écrous ne soit pas plus large que le fond, et
que l'égalité la plus parfaite soit observée dans
le diamètre de toute la longueur.

Beaucoup d'amateurs, au lieu du mandrin à
queue de cochon, se servent d'une clé qu'on
nomme *clé-tarau*. Cette clé qui est en fer, de
la grosseur du nez de l'arbre, et taraudée sur le
même pas, s'emmanche comme une vrille.

Les mandrins étant destinés à recevoir les
pièces qu'on veut tourner, sont souvent exposés à se fendre ; pour éviter cet inconvénient,
on pratique, à l'extrémité antérieure du mandrin, une rainure susceptible de recevoir un
cercle de fer ou de cuivre qu'on y fait entrer
avec force, et par ce moyen le mandrin acquiert
beaucoup de solidité. On sent qu'il faut avoir
des cercles de tout calibre et de différentes
grandeurs ; en général, il est essentiel d'avoir des
mandrins solides et bien faits. On ne connaîtra
bien cette vérité que par l'expérience. Je vais

donner la nomenclature des différens mandrins
qui sont le plus en usage.

Le *Mandrin fendu*, dont on se sert beaucoup, se fait avec un morceau de bois de six à
huit pouces de longueur, sur un diamètre de
deux à quatre ; on le creuse en dedans de manière qu'on ne laisse au bois, près l'embase,
qu'un pouce tout au plus d'épaisseur, et on l'é-
largit carrément, ne donnant à ses parois qu'une
épaisseur de trois à quatre lignes ; ensuite avec
un crochet rond, on diminue encore l'épaisseur
du bois, en formant dans le fond une espèce
de gorge, ce qui lui donne de l'élasticité. Le
diamètre de ce mandrin doit être un peu moins
fort sur le devant que sur le derrière. Quand
il est terminé, on fait bien à son centre, avec
une mèche d'environ deux lignes, un trou qui
doit aller jusqu'à l'écrou. Puis on ôte le mandrin de dessus l'arbre, on le saisit avec précaution dans un étau, et on le scie suivant sa
longueur, avec une scie un peu épaisse, par
deux traits qui se croisent à angles droits, et qui
doivent aller jusqu'auprès de la gorge. On
prend ensuite un cercle de fer ou de cuivre un
peu plus large à son entrée qu'à l'autre bout,
et on le pousse sur le mandrin ; il est évident
que ce cercle, en entrant avec force, fait fléchir
les parties divisées par les traits de scie, et qu'on
a rendues élastiques, et qu'il serre convenablement, sans crainte de la faire éclater, la pièce
qu'on a mise dans le mandrin pour la replacer
sur le tour.

On se sert du mandrin fendu pour terminer
au tour en l'air les bouts d'un étui, pour donner un coup de ciseau au couvercle ou à la gorge
d'une boîte qui ferme avec peine, pour retoucher une pièce déjà confectionnée, et en un

mot pour toutes les pièces qu'on ne pourrait, sans risque de les gâter, mettre sur un mandrin ordinaire en les enfonçant à coups de maillet. On doit aussi avoir plusieurs mandrins de cette espèce. (Voy. *Pl.* III, *fig.* 29.)

Tous les amateurs ne font pas le mandrin fendu tout-à-fait de la même manière. M. Séguier, après avoir préparé son morceau de bois, et avoir tourné la gorge, saisit ce même morceau de bois dans un étau, et le scie suivant sa longueur, comme je l'ai déjà dit. Si les deux traits de scie ne donnent pas assez d'élasticité, il fait, avec une mèche un peu grosse, deux trous à la base, et dans le même sens que les traits de scie; il ajoute ensuite un anneau sur o mandrin, qu'il perce à la grandeur qui lui est nécessaire : il laisse dans toute leur épaisseur les mâchoires du mandrin, qui sont toujours assez élastiques, sans avoir été diminuées.

Le mandrin qu'on nomme *à gobelet*, et qui se fait en cuivre, est d'un usage aussi commun que commode. Ce mandrin, dont on se sert comme d'un mandrin ordinaire, est une espèce de boîte en cuivre, à laquelle on donne intérieurement un diamètre de deux à cinq pouces. On la remplit d'un tampon de bois, qu'on y fait entrer avec force, et qu'on perce en rond, de manière à ce qu'il puisse contenir la pièce qu'on veut y placer. Quand le bois est usé, à force de servir, on remet un nouveau tampon, et c'est cette facilité de renouveler ainsi le mandrin qui constitue son principal avantage. (Voyez *Pl.* III, *fig.* 25.)

Il est une autre espèce de mandrin *à gobelet*, fait aussi en cuivre, et dont on se sert quand on veut travailler sur le tour en l'air des pièces commencées sur le tour à pointes, ou bien qu'on ne pourrait placer que difficilement sur un mandrin ordinaire. Ces pièces se trouvent serrées dans le mandrin par quatre vis de pression, placées sur la circonférence, à distance égale, tendant directement au centre, et se correspondant parfaitement. Au lieu de quatre vis on peut en mettre huit, en les disposant de manière à ce que les quatre premières, placées près de l'extrémité antérieure, soient croisées par les quatre dernières, qui se trouvent plus près du fond du mandrin. Il est évident que les pièces, surtout celles qui sont un peu longues, sont maintenues plus solidement avec huit vis, qu'avec quatre. Ces vis à tête plate, ou forée, doivent se tourner à la main, et n'être pas beaucoup plus longues que l'épaisseur des bords du mandrin.

Si l'on craignait que le bout des vis n'entamât la surface de la pièce, on pourrait remédier à cet inconvénient, en plaçant entre le bout de la vis et le bois une petite plaque de cuivre arrondie, suivant la courbure de la pièce. Il est nécessaire d'avoir des mandrins de cette espèce de différentes dimensions. (Voyez *Pl.* III, *fig.* 25.)

Beaucoup d'amateurs préfèrent les mandrins de cette espèce en bois dur ; ils assurent qu'ils sont moins sujets que ceux en cuivre à meurtrir la pièce.

Pour tourner une pièce d'un diamètre un peu grand, et dont on ne veut pas percer le centre, on se sert d'une plaque de cuivre, ayant sur sa circonférence trois trous, par où passent trois vis à bois, dont la tête est par derrière. C'est par le moyen de ces vis, qui peuvent n'entrer que légèrement dans l'une des surfaces du bois, qu'on tient la pièce sur le tour. Le mandrin se place sur le nez de l'arbre au moyen d'un écrou formé dans un renflement un peu fort pratiqué à son centre. Quand on a besoin des deux surfaces, on bouche les trous faits par les vis avec des chevilles bien collées.

Pour percer une pièce avec une mèche montée sur le tour, on se sert du mandrin qu'on nomme *porte-foret*. Ce mandrin, qu'on fait en bois, et qu'on garnit d'une virole de fer, a au centre un trou carré, qu'il vaudrait mieux faire triangulaire, dans lequel entre le carré d'une mèche : cette mèche est maintenue par une vis de pression, placée sur l'un des côtés du mandrin. J'ai vu un amateur qui avait un carré en fer, qu'il avait enfoncé avec force dans son mandrin : ce carré, étant du même diamètre que celui du foret, peut servir pour toutes les mèches. (Voyez *Pl. III*, *fig.* 48.)

On a adopté, pour la formation du mandrin *porte-foret*, la méthode suivante, à laquelle quelques tourneurs donnent la préférence. On fait son mandrin et on le frète comme le précédent; mais au lieu d'un trou carré, on en fait un rond. Ce trou est percé dans un morceau de fer enfoncé dans le mandrin; on assure que la mèche dont la soie est ronde s'ajuste plus facilement et plus exactement que quand le trou est carré; on fixe également la mèche avec une vis de pression.

Le mandrin *gueule de loup* n'est pas d'une nécessité indispensable; mais cependant il est d'une grande utilité dans différentes circonstances; par exemple quand on veut percer et tarauder des cadres minces, auxquels on a besoin d'ajouter un manche, pour dessiner des rosaces sur l'épaisseur d'une boîte, pour percer un trou sur la tranche d'une planche d'ivoire, et enfin pour replacer sur le tour des objets déjà tournés, et qu'on ne peut mandriner en suivant la méthode commune. Pour faire ce mandrin, on prend un rondin de bois d'orme, de quatre pouces de longueur, sur autant de diamètre; on le tourne et on le garnit d'un cercle de fer tourné un peu fort, au côté qui avoisine l'embase de l'arbre; on donne ensuite deux traits de scie sur sa longueur, jusqu'à une certaine distance, et ensuite avec un bédane on enlève le bois qui se trouve entre les deux traits de scie, et on entaille en dedans le plus qu'il est possible. Quand cette entaille est faite le bois restant des deux côtés forme deux espèces de mâchoires qui doivent servir à fixer la pièce qu'on veut percer et tarauder. A l'une de ces mâchoires on fait trois trous ronds, qui doivent se rapporter parfaitement, et on y fait entrer des vis de pression à filets creux, avec assez de force pour qu'elles puissent former leurs écrous. Quand on veut percer et tarauder un cercle d'ivoire, on commence par le mettre entre leux petites planches; on place les deux planches entre les mâchoires du mandrin, et on serre les vis avec précaution, après s'être assuré que le cercle est bien de centre. On sent de quelle utilité est le cercle de fer pour empêcher le mandrin de se fendre. (Voyez *Pl.* III, *fig.* 18.)

Le mandrin *à réglettes* sert pour beaucoup d'ouvrages différens, mais particulièrement pour percer les planchettes d'un plateau destiné à mettre des verres à liqueur, ou d'un porte-huilier; à former les trous d'une lunette de fer ou de cuivre, à tirer des cercles d'une feuille d'écaille, ou d'une planchette d'ivoire. Pour

faire un mandrin de cette espèce, on prend
une planche ayant douze pouces de diamètre,
sur un pouce d'épaisseur; on la taraude avec
le peigne, et on la monte sur le tour, afin de la
dresser aussi exactement qu'il est possible.
Après avoir tracé, à un pouce et demi de la
circonférence, un cercle concentrique qui doit
avoir environ neuf pouces de diamètre, on fait
au centre de ce cercle, un trou que l'on taraude,
en y faisant entrer avec force une vis à oreilles.
Ensuite, à la distance de vingt-sept lignes du
point du centre, on fait quatre coulisses CCCC,
formant entre elles exactement un carré; ces
coulisses, qui ont chacune cinquante lignes de
longueur, sont dirigées, par un bout, vers la
circonférence dont elles sont éloignées d'un demi-pouce, et par l'autre bout, vers l'intérieur
de la planche, de manière à ce qu'elles se trouvent vis-à-vis l'une de l'autre. Il reste de ce
côté-là un plein de vingt lignes de surface. On
fait ensuite deux réglettes en fer de cinq pouces
et demi de longueur, sur un pouce de largeur,
et environ trois lignes d'épaisseur, et on les
perce avec le foret, à la distance de l'écartement des coulisses; on fait passer dans ces
trous des boulons carrés, dont les têtes doivent
être noyées derrière le mandrin, dans des rainures pratiquées le long des coulisses; ces
mêmes boulons, dont le bout sera taraudé,
sont retenus par des écrous très-minces. On
doit avoir des boulons de différentes longueurs,
et proportionnés à l'épaisseur des planches qu'on
veut tourner. Pour se servir de ce mandrin, on
desserre les vis, on place la pièce qu'on veut
tourner sous les réglettes, et on les fixe en
serrant les vis. On peut donner plus de solidité
à la pièce, en faisant, quand cela est possible,

au centre, un trou dans lequel on fait passer
une vis de pression. La pièce qu'on veut tourner
doit être placée très-exactement au centre du
mandrin. (Voyez *Pl.* III, *fig.* 15.)

Le mandrin *porte-scie* est une invention nouvelle, et fort utile dans une infinité de circonstances. Pour faire ce mandrin, on prend un
morceau de bois, qui, après avoir été taraudé au
peigne, et arrondi, doit avoir vingt-six lignes
de longueur, sur vingt-trois de diamètre, parfois un peu moins. On aura auparavant préparé
une lame, ou plaque d'acier, de cinquante-
quatre lignes de diamètre, sur une épaisseur
d'un peu plus d'un quart de ligne. Cette plaque
doit être parfaitement arrondie, bien battue et
bien dressée. On fait exactement au centre un
trou auquel on donne de six à dix lignes de diamètre : à quelques lignes de distance de ce premier trou on en fait un autre d'une ou deux lignes.
C'est dans le grand trou qu'on fait entrer, en le
forçant même un peu, le tenon qu'on aura pratiqué au bout du mandrin qui touche l'embase, à la
distance d'environ dix-huit lignes. On taraude le
tenon au peigne, en lui donnant un pas fin et
peu incliné ; on place ensuite la plaque ; on
marque l'endroit où correspond le petit trou
sur le mandrin, et à cet endroit même on fait
un trou, n'importe avec quel instrument, pourvu
qu'il soit bien droit. Dans ce trou, on fait entrer à
force une cheville de fer qu'on lime à plat du
côté du mandrin qui touche à l'embase ; du côté
du tenon au contraire, la cheville doit assez dé-
passer pour affleurer la plaque, quand la tête du
boulon est placée dans le petit trou. La plaque
d'acier doit joindre sur tous les points la circonférence du mandrin : alors on monte sur le tour
un morceau de bois du diamètre du mandrin, et

d'une longueur suffisante pour qu'on puisse le tronquer au droit du nez de l'arbre. On donne à ce morceau de bois un peu de rentrée, et après y avoir taraudé un écrou proportionné au tenon du mandrin, on le tronque, puis on le visse sur le tenon, et par ce moyen la plaque se trouve fixée entre le mandrin et le couvercle. On replace le mandrin sur le tour, et on tourne le couvercle bien carrément; enfin on met la plaque au rond avec un burin. Il s'agit ensuite de faire les dents de la scie; pour y parvenir, on trace autour de la circonférence de la plaque un cercle qui sert à marquer la profondeur des dents. On doit prendre ses mesures de manière à ce que ces dents soient parfaitement égales en longueur et en largeur, et qu'elles remplissent très-exactement le cercle. On les fait avec une lime tiers-point, et on leur donne la même inclinaison qu'à celles des scies ordinaires. (Voyez *Pl.* III, *fig.* 32.)

Quand on veut se servir du mandrin porte-scie, on lève la cale du support au-dessus du centre de l'arbre, à un pouce plus ou moins, selon le diamètre du mandrin; on approche de l'instrument la planche qu'on veut fendre, et on fait mouvoir le tour. L'effet de ce mandrin est très-prompt, mais on ne peut guère s'en servir que pour débiter des planches de quelques lignes d'épaisseur.

On peut adapter ce mandrin au tour à pointes en le faisant plus long, et en le traversant dans son extrémité gauche par une broche que la taquette entraîne.

Le mandrin *à pointes* n'est rien autre chose qu'un morceau de bois, dont le bout opposé à [...] est placé sur l'arbre, présente une [...] ne et bien unie. Au centre est une

pointe aiguë, saillante de quelques lignes : trois
autres pointes de la même espèce sont placées
à distance égale du centre et de la circonférence,
et aussi à distance égale entre elles. Quand on
veut se servir de ce mandrin, on applique dessus la pièce qu'on doit tourner, on la fixe sur
les pointes en frappant légèrement avec un
maillet; et quand on s'est assuré que la surface
de la pièce porte bien sur celle du mandrin, on
tourne la pièce avec facilité.

Le mandrin *à mastic* est fait comme les mandrins ordinaires; cependant quelques tourneurs
lui donnent moins d'épaisseur. Sur sa surface,
qui doit être coupée bien carrément, on fait
avec un grain d'orge quelques entaillures qui
servent à faire mieux tenir le mastic. Pour tourner une pièce, on place son mandrin sur le
tour, et on prend un bâton de mastic; alors on
met le tour en mouvement, et on presse le bout
du bâton sur la surface du mandrin. La chaleur,
excitée par le frottement, est en peu de temps
assez forte pour fondre le mastic qui s'attache à
la surface du mandrin ; on doit diriger le mastic
de manière à ce qu'il porte également partout,
et qu'il ne s'en trouve pas plus sur une partie
que sur une autre. Quand la surface est suffisamment garnie, on prend la pièce qu'on veut
tourner, et on l'applique sur cette surface la
tenant ferme, afin qu'elle ne tourne pas, et
continuant de tourner avec rapidité pour que le
mastic ne se refroidisse pas. Avant d'appliquer
la pièce elle-même, quelques tourneurs se servent, pour mieux égaliser le mastic, d'une planche bien unie. Quand la pièce est collée et bien
droite, on commence par la dégrossir avec une
gouge. On doit bien examiner si la pièce ne présente pas des inégalités, ou si on n'y aperçoit pas

quelques nœuds ; car dans l'un et l'autre cas, il ne faut enlever que très-peu de matière à la fois, et pour cela atteindre les inégalités d'un peu loin ; on continue de la même manière, jusqu'à ce qu'on ait mis la pièce au rond.

Si la pièce qu'on veut mastiquer était un peu forte, on pourrait faire fondre le mastic, tremper dedans le bout du mandrin, remettre ce mandrin sur le tour, et appliquer la pièce dessus avec les précautions qui ont déjà été prescrites. Il faut aussi, avant de tourner, attendre que le mastic soit tout-à-fait refroidi, car autrement on pourrait, au moindre effort, décoller la pièce.

La pièce qu'on veut tourner au mastic doit être d'un diamètre un peu plus grand que celui du mandrin, ou à la rigueur d'un diamètre égal, mais jamais plus petit.

On détache la pièce du mandrin, quand elle est terminée, en donnant dessus le mandrin un coup de maillet à fnux ; on peut aussi se servir de la lame d'un fermoir qu'on introduit peu à peu entre la pièce et le mandrin. On remarque qu'il reste rarement du mastic sur cette pièce quand elle est détachée.

SECTION III.

Mandrin universel.

Le mandrin universel est maintenant en usage chez la majeure partie des tourneurs. On a tenté d'en faire de plusieurs espèces, mais celui dont je vais donner la description est reconnu comme préférable à tous les autres à cause de sa simplicité. J'emprunte cette description de M. Hamelin, dans son *Manuel du Tourneur*.

Sur un plateau de cuivre qui se monte sur le nez de l'arbre, sont quatre coulisses qui prennent à six lignes du bord jusqu'à égale distance du centre du plateau. Dans ces coulisses entrent à frottement quatre griffes taillées comme des limes, dont les rainures embrassent l'épaisseur du plateau. Ces griffes sont percées entre les deux rainures d'un trou taraudé d'une vis à double filet, souvent à gauche. Dans ce trou entre une vis dont un des bouts porte une embase dans laquelle est percé un trou carré qui sert à faire mouvoir au moyen d'une clé. Ces vis sont maintenues derrière le plateau par le bandeau extérieur sur lequel sont pratiqués quatre trous coniques pour le passage de leurs têtes dont la forme est la même; l'autre extrémité des vis est fixée au centre du plateau par un tampon d'acier qui les empêche d'avancer ou de reculer, de manière qu'en les tournant, elles forcent les mâchoires à parcourir la longueur des rainures. Au milieu du tampon est une pointe à vis mobile qui s'avance à volonté : cette pointe sert à recevoir le point du centre qu'on a dû former au compas.

Pour entrer avec plus de sûreté, on fait au bord de chacune des rainures, des divisions très-exactes qui guident la marche des griffes, ce qui est surtout très-utile quand on veut exécuter une pièce d'une dimension donnée : et comme on a la faculté d'avancer celle des vis qu'on juge à propos, il est aisé, en reculant la griffe opposée, de trouver très-exactement le centre d'une pièce.

Dans le cas où l'excentricité ne se trouverait dans le sens d'aucune des quatre vis, mais entre deux, alors on en ferait avancer deux, et reculer les deux opposées, et la pièce serait mise dans la diagonale. (Voyez *Pl.* III, *fig.* 20.)

Avec ce mandrin, on peut centrer des pièces plates de toute espèce, et les saisir intérieurement ou extérieurement ; ce même mandrin tient aussi lieu d'excentrique dans certaines circonstances : il suffit pour cela d'avancer deux de ses mâchoires de gauche à droite à la distance nécessaire (1).

CHAPITRE VII.

DES FILIÈRES.

SECTION PREMIÈRE.

Des filières en fer.

On distingue deux sortes de filières, les unes qu'on nomme simples, et les autres qu'on appelle doubles ou à coussinets.

---

(1) Ceux de nos lecteurs qui trouveront cette description trop succincte et qui voudraient d'ailleurs prendre connaissance des mandrins universels récemment inventés ou perfectionnés, les trouveront décrits dans les mois de mars et d'août du *Journal des Ateliers* ; ils verront, à la lecture de ces articles compliqués, dont le texte est accompagné de nombreuses figures, que, quel que soit d'ailleurs notre désir, il nous était impossible de comprendre ces mandrins dans nos chapitres : la multiplicité des objets que nous avons à traiter s'oppose à ce que nous puissions approfondir chacun d'eux en particulier.

Les filières simples ne sont rien autre chose que des plaques d'acier dans lesquelles on pratique des trous de différentes grandeurs ; on fait de ces trous si petits, qu'ils peuvent tarauder le morceau d'acier le plus délicat. Quand ces trous sont faits, on y fait entrer, en tournant, des taraux de grosseur convenable, et on trempe la plaque d'acier, ayant soin de la plonger dans l'eau sur sa longueur ou sur sa largeur, et jamais à plat. On doit prendre, pour faire une filière, de très-bon acier ; on donne aux trous un peu d'entrée, ce qui les rend de figure conique ; et pour que les copeaux puissent se dégager, on fait avec une lime à refendre trois ou quatre entailles dans toute la longueur du trou : on sait qu'en taraudant une filière, il faut mettre de l'huile très-souvent.

Quand on veut faire une vis, on forge un morceau d'acier ou de fer de grosseur convenable, et on lui donne la forme d'un cône très-alongé ; on le saisit par la tête avec un étau à la main, s'il est court et mince, ou bien on le serre dans un étau ordinaire, et mettant de l'huile dessus, on le place dans la filière où il doit entrer un peu à force ; on tourne petit à petit la filière, on recule, on avance lentement, et on continue de la même manière jusqu'à ce que la vis soit entièrement terminée. (Voyez *Pl.* III, *fig.* 24.)

La filière simple est sujette à beaucoup d'inconvéniens, souvent les filets ne sont pas assez creux, d'autres fois la pièce qui est fatiguée se tord et ne peut plus être droite, et si elle vient à se casser, il est à peu près impossible de retirer le morceau qui reste dans le trou. La filière double, ou à coussinets, dont je vais donner la description, est donc préférable presque sous tous les rapports.

On fait des filières à coussinets de plusieurs manières; celle dont on se sert plus communément se compose, 1° de deux coussinets à coulisses et d'une vis de pression percée dans son diamètre : au bout de l'encadrement est un trou dans lequel passe une broche qui sert à faire mouvoir les coussinets; 2° d'un troisième coussinet plein, placé immédiatement après la vis de pression, et dont il reçoit l'action, et qui sert aussi à tourner à gauche; on voit cette filière (*Pl.* III, *fig.* 5). Comme la limaille qui sort de la vis renfermée dans la filière, empêcherait que les filets ne fussent bien taillés, on fait au milieu du demi-cercle de chaque coussinet une entaille qui sert de dégagement pour cette limaille.

Quoique la filière à coussinets ordinaire puisse servir pour les vis d'une certaine grosseur, on fait bien cependant, quand on a à tarauder des pièces d'une grande proportion, d'employer la filière représentée (*Pl.* III, *fig.* 5), et dont il est, je crois, inutile de donner la description.

On ne doit pas oublier, quand on a taraudé une ou plusieurs vis, de vider et de bien nettoyer les coussinets.

SECTION II.

Des taraux pour le fer.

Quand on veut faire un tarau, on prend un morceau d'acier de grosseur et de longueur convenable; on fait au haut une tête carrée qui est suivie d'une embase, et c'est sur ce carré qu'on place le tourne-à-gauche. La partie qu'on veut tarauder doit être bien ronde, et sa grosseur doit être calculée de manière qu'elle excède celle de la tige de toute l'épaisseur du pas qu'on a le dessein de former. On taraude une première fois la vis, ensuite la saisissant dans son milieu entre les coussinets de la filière le plus droit qu'il est possible, on serre les coussinets, et mettant dessus beaucoup d'huile, on fait monter et descendre la filière dont on serre insensiblement les coussinets à mesure qu'ils avancent. Quand cette opération est terminée, on retire le tarau de la filière, et le plaçant sur le tour, on enlève le morfil qui peut se trouver sur la vis; enfin, on passe le tarau dans une dernière filière d'où il sort entièrement confectionné. Comme on a donné à la partie qui devait être taraudée une forme cylindrique, et que cependant le tarau doit ressembler à un cône très-alongé, afin de mieux entrer dans l'écrou, on produit cet effet, en serrant les coussinets d'une manière presque insensible à mesure qu'on dévisse le tarau, c'est-à-dire qu'on le retire de la filière. On ne doit pas oublier de bien nettoyer et le tarau et la filière, à mesure que les opérations sont terminées. On voit que les taraux passent par trois filières différentes. C'est la véritable manière d'obtenir d'excellens pas.

SECTION III.

Des filières à bois.

La filière à bois est un outil très-utile, et dont la confection demande d'autant plus de soin que son effet est positif, la vis devant en sortir

entièrement terminée; on fait des filières de
beaucoup de manières, je me contenterai d'en
donner deux.

La plus commune, et celle dont se servent
les tourneurs ordinaires, est la filière composée
sur sa longueur de deux pièces qui s'adaptent
l'une sur l'autre, et sont fixées par deux boulons qui les traversent dans toute leur épaisseur; l'une de ces pièces, qui est très-mince, est
le couvercle, et l'autre pièce est la filière proprement dite. On doit préférer, pour joindre
les deux pièces, les vis à bois aux boulons. Ces
boulons ont des têtes carrées, et sont taraudés
par le bout de manière à recevoir les écrous à
oreilles au moyen desquels on serre fortement
l'une sur l'autre les deux pièces qui composent
la filière. Au centre est le trou conducteur
formé dans le couvercle; le corps de la filière
seul est taraudé; entre les deux pièces et dans un
petit encadrement pratiqué sur la pièce la plus
épaisse, est placé le V qui doit enlever le bois
et former la vis. Ce V qu'on arrête avec de petits clous sans tête, ou avec une vis, se fixe un
peu au-dessous du deuxième filet, et la pointe
formée par la rencontre des deux taillans, doit
être placée de manière à ne pénétrer dans le
bois ni trop, ni trop peu, et à n'enlever que ce
qui est nécessaire pour former la vis. Près du V
et dans toute son épaisseur, est pratiquée une
ouverture par où sortent les copeaux à mesure
que la vis se forme.

Cette filière présente des avantages dans quelques circonstances, il arrive souvent qu'en taraudant des vis de petit diamètre, le bois se
casse dans la partie taraudée, et alors il est
difficile de retirer le morceau sans endommager

la filière. Avec la filière dont il est ici question
la difficulté disparaît, car en dévissant les écrous
et en enlevant la pièce qui sert comme de couvercle, on obtient sans peine la partie du bois
qui est cassée. Ces avantages à la vérité sont trop
compensés par l'embarras de placer et de déplacer le V quand il a besoin d'être affûté.
(Voyez *Pl.* I, *fig.* 39.)

La filière dont je vais donner la description
est maintenant beaucoup en usage, elle a sur
les autres le grand avantage d'avoir un dégagement pour les copeaux, et de plus le V, de la
manière dont il est formé, peut servir pour de
petites comme pour de grosses vis, ce qui diminue la dépense des outils.

On prépare un morceau de bois de forme et
de grandeur convenables; on taraude le trou
conducteur, et on entaille d'un côté, à angle
aigu, la superficie de la filière dans toute sa
longueur; on place le V qui doit être pratiqué
au bout d'un morceau de fer un peu plus long
que le corps de la filière contre l'un des côtés
de l'entaille faite sur la superficie, et on le fixe
avec un coin de bois qu'on fait entrer à force
en frappant sur la tête avec un marteau, jusqu'à ce qu'on soit assuré qu'il tient assez bien
pour que le V ne puisse ni remuer ni varier dans
sa place. Avant de fixer ce V, on s'assure s'il est
bien dans la position qu'il doit avoir; s'il n'a
pas assez de fer, on peut lui en donner en frappant à petits coups sur le prolongement; si au
contraire il a trop de fer, ou s'il a besoin d'être affûté, on fait sauter le coin avec un marteau, et alors
le V sort sans peine de son entaille. Ce procédé est
le même que celui qu'emploient les menuisiers
pour fixer les fers de leurs feuillets et les ôter.
Le dégagement, destiné à recevoir les copeaux et

qui doit être pratiqué près de l'angle de l'entaille, se fait en forme de demi-cercle; cette manière de placer le V, qui est donnée comme la meilleure de toutes celles qui ont été imaginées jusqu'à présent, n'est pas approuvée généralement; car plusieurs tourneurs, au nombre desquels se trouve M. Chazeret, assurent qu'avec une filière de ce genre on ne peut jamais être assuré de faire bien juste la vis de la dimension dont on la désire. (Voyez *Pl.* I, *fig.* 40.)

Je ne parlerai pas d'une infinité d'autres filières à bois, dont les unes sont encore employées par quelques tourneurs, et les autres entièrement abandonnées, comme par exemple celle à double V; on peut voir toutes ces filières chez M. Hamelin, successeur de M. Bergeron, auteur d'un Manuel très-étendu du tourneur, et demeurant près le Palais de Justice, à l'enseigne de la *Flotte.*

SECTION IV.

Des taraux.

Je dirai des taraux ce que j'ai dit des filières, on en fait de différentes manières; mais comme je ne puis entrer à ce sujet dans de longs détails, je me contenterai de donner la forme de ceux qui sont le plus en usage.

Le premier est celui qu'on peut voir (*Pl.* I, *fig.* 42). Quand les pas sont formés sur ce tarau, on le met sur le tour, on abat les premiers pas, et à leur place on forme une partie cylindrique lisse, dont la grosseur doit servir de guide pour la largeur du trou qu'on veut tarauder, cette partie lisse devant entrer exactement dans le trou; ensuite on creuse le tarau par le bout à une profondeur correspondant au milieu du premier pas, ne lui laissant qu'une ligne d'épaisseur. Tout autour, sur le premier pas qui est coupé à angles droits avec le corps du cylindre, on forme deux biseaux représentant le V d'une filière, et parfaitement bien affûtés en dedans (j'ai omis de dire que ce tarau était en acier). Quand on veut former un écrou, on commence par introduire dans le trou à ce destiné la partie cylindrique du tarau, et on tourne d'abord avec ménagement; le bout du filet, ou plutôt les deux biseaux entament alors le bois, le coupent comme le V d'une filière, et forment le pas avec toute l'exactitude possible. Les copeaux, à mesure que le tarau avance, entrent par un trou pratiqué dans l'épaisseur de la partie creuse, dans l'intérieur qui, comme je l'ai dit, est percé, et tombent sans gêner l'outil ni nuire à l'opération; j'ai dit que les biseaux doivent être en dedans, j'ajouterai que le dehors doit être uni et très-droit. Les taraux de cette espèce sont très-bons pour le bois de bout.

Le tarau le plus ordinaire est celui qui se fait en bois; on prend un morceau de bois de longueur et de grosseur convenables, et après en avoir fait un cylindre, on le taraude et on en fait une vis; quand la vis est faite, on coupe, sur une des parties de la circonférence, un certain nombre de filets; à la place où ces filets ont été coupés, on place des morceaux d'acier taillés en langues de carpe, et pareils aux filets, et on les aiguise avec une lime, de manière à ce qu'ils soient bien coupans. Quoique ce tarau soit sujet à bien des inconvéniens, c'est cependant celui dont se servent tous les tourneurs ordinaires.

Le tarau qu'on nomme à dent inclinée, est celui que préfèrent les amateurs, pour faire un outil de cette espèce, on prend un morceau d'acier de longueur convenable ; en le forgeant, on laisse par le bout un bourrelet auquel on donne la forme d'un cône tronqué, et qui doit être de grosseur et de longueur suffisantes, pour qu'après avoir été tourné on puisse imprimer dessus les filets de la vis qui doit former le tarau. Quand le morceau d'acier est tourné, on trace tout autour les filets de la vis, et on les creuse à la main avec une lime ; les proportions doivent être prises de manière à ce que l'inclinaison soit douce, et qu'à chaque tour de la ligne spirale, cette même inclinaison n'excède pas le cinquième de la hauteur du filet. Pour faciliter le dégagement des copeaux, on fait sur la longueur du tarau quatre entailles de largeur équivalente au huitième à peu près de la circonférence de l'outil, et on coupe ces entailles sur chaque face, à angle rentrant. (Voyez *Pl.* I, *fig.* 41.)

J'ai parlé des filières et des taraux à bois ou plutôt de la manière de les faire, pour ne rien omettre, car je conseille de les acheter plutôt que de s'exposer à perdre son temps et sa peine ; on réussit rarement à donner à ces outils la justesse qu'ils exigent : j'ai vu des amateurs qui m'ont assuré avoir fait plusieurs tentatives qui toujours avaient été inutiles.

Quand on a de bonnes filières et de bons taraux, rien n'est plus facile que de faire des vis et des écrous. Il suffit dans le premier cas de prendre un morceau de bois bien liant et qui prenne bien le pas de vis, et de le passer dans la filière en le tournant avec ménagement ; et pour faire un écrou, on perce un trou dont le diamètre doit être le même que celui du corps du tarau sans y comprendre la hauteur des filets, on introduit le tarau dans ce trou, en le tenant bien droit, on le tourne de manière à ne jamais le forcer, et on le conduit ainsi jusqu'à ce qu'il ait traversé toute l'épaisseur du bois.

On peut faire des vis et des écrous avec du bois même très-tendre, il suffit de mouiller avec beaucoup d'huile et de ménager les coups.

Beaucoup de tourneurs tiennent leurs vis à bois plus minces au bout que vers la tête, d'autres, au contraire, donnent à ces vis une forme cylindrique. Sans entrer dans aucune discussion à cet égard, je pense que la dernière méthode est la meilleure, et que les vis qui sont partout de même grosseur sont plus solides que les autres.

SECTION V.

Du tarau de charpentier.

Quand une vis doit avoir plus de trois pouces de diamètre, il est difficile de la faire avec une filière ordinaire ; alors le parti le plus simple, et le moyen le plus aisé, c'est de faire cette vis avec le ciseau.

On prend un morceau de bois de brin, et on en fait sur le tour à pointes un cylindre de grosseur conforme à la vis qu'on veut avoir ; on réserve à l'un des bouts une tête un peu grosse et un tourbillon ; dans cette tête on perce deux mortaises destinées à recevoir des leviers, et au centre de la tête on fait un trou dans lequel doit entrer un boulon de fer ; la tête et le collet de ce boulon doivent être tournés ; mais le corps est carré, et dans ce corps est

aussi un trou carré pour recevoir une clé. On
divise le cylindre sur sa longueur en douze parties égales; on mesure ensuite un certain espace
de l'écrou, on détermine combien le cylindre a
de pas de vis dans ce même espace, et on divise
le cylindre en autant de parties : on subdivise
ensuite chaque partie, et on trace le filet avec
un crayon ou autrement. Dans la distance qui
se trouve entre chacun des premiers filets, et
bien juste au milieu, on tire un second trait,
qu'il est bon de marquer en rouge pour le mieux
distinguer des autres. Quand toutes les divisions
sont ainsi marquées, on prend une scie à dossier,
et en suivant exactement le trait marqué en
rouge, on fait avec cette scie, et de toute la
saillie de la lame, un trait sur la longueur du
cylindre. La saillie de lame doit être la même
que la profondeur du filet à vis ; ensuite avec un
fermoir bien tranchant, on enlève avec précaution le bois qui se trouve depuis le trait jusqu'au
fond du trait de scie, ou au moins à peu près :
le ciseau qu'on tient penché ne doit prendre le
bois qu'à la distance d'une ligne environ du trait;
quand cette opération est terminée d'un côté du
trait, on fait la même chose de l'autre, et la vis
est ébauchée dans toute la longueur. On prend
après cela un ciseau qui coupe bien vif et on
termine les filets. Il ne reste plus, pour faire
disparaître les reprises du ciseau, qu'à passer
à plat sur le haut et sur chaque côté du filet,
une râpe fine demi-ronde.

L'écrou demande plus de soin et présente plus
de difficulté; voilà la manière la plus ordinaire
de le faire :

On prend un morceau de cormier, d'alisier
ou de tout autre bois ferme, et on lui donne
une forme carrée dont le diamètre doit être pro-

portionné à celui de la vis qu'on veut former.
Pour un tarau de deux pouces on forme un carré
de quatre pouces, et ce carré doit augmenter
d'un pouce, à mesure que la vis devra acquérir
un diamètre aussi d'un pouce. Quant à l'épaisseur du carré, elle doit être de trois pouces sur
deux, et ainsi de suite en suivant la même proportion : cela posé, je suppose que le tarau dont
je vais donner la description ait deux pouces de
diamètre.

Quand on a bien dressé le morceau de bois
carré sur toutes ses faces, on trace au centre un
cercle dont le diamètre doit être le même que
celui du fond du pas qu'on veut obtenir, et
dans notre hypothèse, ce cercle aura environ
un pouce et demi ; au-dessus de ce premier
cercle, on en trace un autre parfaitement concentrique, et dont le diamètre doit avoir dix-
huit lignes de plus. Après avoir tracé ces cercles, on met le morceau de bois sur un mandrin
à mastic, on le dresse sur la face de devant, et
on prend le centre avec toute l'exactitude possible ; on fait un trou au diamètre du premier
cercle, et on creuse perpendiculairement à la
surface ; puis on approfondit le trait du second
cercle, et on enlève tout le bois qui se trouve
extérieurement, jusqu'à ce qu'on ait fait un
ravalement dont le diamètre doit être un peu
plus fort que celui de la vis qu'on veut former.
On forme ensuite un parallélogramme de papier sur lequel on trace un filet auquel on
donne l'écartement et le rampant qu'on a déterminé. Ce morceau de papier que l'on colle
sur la partie cylindrique, doit envelopper cette
partie avec beaucoup de justesse, et de manière
à ce que les signes se rapportent parfaitement ;
enfin, en coupant le cylindre suivant la ligne

d'un des filets, on lui donne un plan incliné circulaire.

On prend après cela une feuille de tôle épaisse d'une ligne tout au plus, et on lui donne la forme d'une lunette dont le cercle extérieur est du même diamètre que la partie cylindrique, mais dont le cercle intérieur excède la circonférence, aussi intérieure, du trou de cette même partie, de deux lignes environ. Quand cette lunette est taillée, on la coupe sur son diamètre, et on perce au milieu de ce même diamètre sept trous, dont deux proche la coupure, et les cinq autres à peu près à distance égale les uns des autres : ces trous, qu'on a soin de fraiser, servent à fixer la lunette sur la surface de la partie cylindrique, au moyen de sept vis à bois d'un pouce environ de longueur.

On choisit un morceau de bois de longueur et de grosseur convenables, et propre à faire un cylindre, on le met dans un mandrin, mais on le fixe sur la poupée à pointes, et on le tourne de manière à ce que son diamètre soit le même dans toutes les parties ; on le divise ensuite sur toute la longueur, en huit et même en douze parties, on trace un cercle sur chaque écartement des filets, et après avoir divisé chaque espace en autant de parties qu'il y a de divisions sur la longueur, on marque le filet indiqué par chaque division ; et à partir d'une des premières divisions, on tire un trait qui va passer sur l'angle formé à gauche par la division en long et la première sous-division, et en continuant de la même manière jusqu'à la dernière division, on obtient une hélice telle qu'on peut la désirer.

On prend ensuite une scie à dossier, à denture un peu fine et dont la lame n'ait pas plus

de deux lignes de saillie et une ligne d'épaisseur, et avec cette scie que son dossier empêche de pénétrer dans le bois plus avant qu'il
ne faut, on suit exactement le trait marqué sur
le cylindre.

En suivant le diamètre du cylindre on pratique une ouverture dans laquelle entre bien juste
sur sa largeur, un grain d'orge qu'on maintient
par le moyen d'un coin de bois.

On fait dans la pièce où l'on veut former l'é-
crou un trou du même diamètre que celui du
cylindre, on y place le bout de ce cylindre, et
enfilant dans le pas de l'hélice la première pièce
qu'on a confectionnée, on la place carrément
sous le sommier, où elle doit être fixée par
quatre chevilles de fer. On arrache ces chevilles dont les têtes sont renversées au moyen
d'un instrument fourchu, qu'on nomme *pied
de biche*. On retire ensuite le cylindre jusqu'à
ce qu'on puisse voir le grain d'orge qui jusqu'alors avait été entièrement caché dans l'entaille dont j'ai parlé plus haut, et après lui
avoir donné un peu de saillie en frappant sur le
bout opposé au tranchant, on met un levier
dans le trou pratiqué au haut du cylindre, et
on fait tourner ce cylindre de gauche à droite :
on sent facilement que le grain d'orge excédant
la surface du cylindre, doit nécessairement entamer le bois en montant, étant appelé par le
guide. Quand le grain d'orge ne coupe plus, on
tourne le cylindre dans le sens opposé ; et
quand le grain d'orge est hors de la pièce, on
lui donne un peu plus de saillie que la première
fois, et on recommence l'opération : on continue de la même manière jusqu'à ce qu'on soit
assuré que le pas de l'écrou est assez profond.
On retire alors entièrement le taraud, et on

essaie si la vis, qu'on a dû faire la première, entre bien exactement dans l'écrou, et pour qu'elle tourne plus facilement on la frotte avec du savon.

CHAPITRE VIII

MÉTHODE POUR TOURNER.

SECTION PREMIÈRE.

Manière de tourner un cylindre.

Tous ceux qui se sont occupés du tour, avouent qu'il est peu de pièces aussi difficiles à confectionner parfaitement et exactement qu'un cylindre; je ne saurais donc trop engager les amateurs, et surtout les commençans, à donner tout le soin imaginable à cette partie de l'art du tourneur.

Pour tourner un cylindre, on commence par fixer solidement la poupée de gauche, on prend ensuite le morceau de bois qu'on veut travailler, qui doit avoir été ébauché de la manière que j'ai indiquée, et à chacune des extrémités duquel on a tracé, soit à vue d'œil, soit avec le compas, et bien exactement au centre, un point d'environ deux lignes de profondeur; ce point se fait ordinairement avec un poinçon en fer formant un cône un peu aigu, ou bien avec le compas; on approche la poupée de droite, on fait entrer les pointes dans les trous ou points que je viens de désigner, et quand on s'est assuré que la pièce est suspendue bien exactement,

et parfaitement prise entre les deux pointes, on
fixe la poupée de droite, en la serrant, comme
on l'a déjà fait pour la poupée de gauche, avec
une clé à ce destinée. Pour que le frottement
soit plus doux, on met une goutte d'huile à chaque pointe.

Quand la pièce est ainsi placée, on fait faire
trois tours à la corde sur le cylindre, en la plaçant de droite à gauche, afin que le bois en
tournant vienne naturellement sur l'outil; et
on s'assure ensuite si la corde est au point où
elle doit être, en faisant mouvoir le tour avec
le pied gauche placé au milieu de la pédale. Si
la corde était trop tendue, on ferait avec peine
descendre la pédale jusqu'à terre; si au contraire la corde était trop lâche, la pédale des-
cendrait trop facilement, et on doit éviter également l'un et l'autre excès. Il est de principe
que le mouvement soit doux sans être ni trop
faible ni trop fort; l'expérience aura bientôt
fait connaître le point où la corde doit être
fixée. Il ne reste plus qu'à placer la barre ou le
support, qui doit être le plus près possible
de la surface extérieure du bois qu'on veut
tourner, et être de niveau avec le centre, excepté
dans les grosses pièces, où l'on peut excéder le
centre.

Toutes ces dispositions étant faites, le tourneur appuyé sur le pied gauche, met le pied
droit sur la pédale, le plaçant sur le milieu
environ de la longueur, si la pièce n'est pas
forte; il prend une gouge dont il tient le manche
par la main droite, et mettant le tour en mouvement, il attaque le bois ayant la main gauche
appuyée contre le support, et tenant le haut de
la gouge, les doigts en dessus et le pouce en
dessous. (Voy. *Pl.* I, *fig.* 43, la manière d'em-

poigner l'outil), afin d'en diriger l'action et de
ne prendre de bois qu'autant qu'il est nécessaire. Il faut bien se garder de présenter la gouge
perpendiculairement au bois, car on ne ferait
que le gratter ; il faut au contraire que le tranchant soit un peu incliné, parce que dans cette
position il mord beaucoup mieux. (Voy. *Pl.* I,
fig. 44, la position que doit avoir la gouge.) Au
lieu de serrer fortement la gouge avec la main
gauche, il faut la tenir avec facilité, afin d'exécuter aisément les mouvemens qui ont lieu à
mesure que la pédale monte ou descend. Cette
facilité s'acquiert par l'usage ; quand on a même
un peu d'adresse, on finit par s'accoutumer à
changer de main au besoin, ce qui souvent est
très-avantageux. (Voy. *Pl.* I, *fig.* 45, la manière de présenter le ciseau à droite et à
gauche.)

On ébauche le cylindre en totalité avec la
gouge ; cet outil étant de forme circulaire, produit nécessairement des rainures de même espèce ; ces rainures doivent, autant qu'il est possible, être de même profondeur, et à une distance égale les unes des autres : il est même bon
de s'assurer de cette uniformité avec un compas
ou un 8 de chiffre. On connaît qu'un morceau
de bois est bien ébauché, quand les copeaux
sont d'une égale épaisseur, qu'ils conservent la
forme de la gouge, quand ils sont frisés et coupés
bien vifs. Quand le cylindre est ébauché dans
toute sa longueur, il reste nécessairement entre
les cannelures des élévations ou espèces de côtes;
qu'il faut faire disparaître, au moins en grande
partie. On se sert encore à cet effet de la gouge,
mais on modère ses coups, on prend moins de
bois, et on fait en sorte de ne laisser que des

côtes peu sensibles, de manière à ce que le cylindre soit à peu près uni.

On peut couper le bois sur tous les points de sa circonférence, en ayant égard à la manière dont on incline l'outil, et à la distance du support. Car plus le support sera éloigné, et moins on pourra donner d'inclinaison à l'outil.

Voici une autre méthode : quand la pièce de bois est placée sur le tour, et qu'on a donné à la gouge l'inclinaison convenable, on l'approche assez pour qu'elle puisse entamer le bois ; alors on fait mouvoir le tour, on prend la pièce par le milieu, et on enlève du bois jusqu'à ce que la pièce soit au rond, et qu'on y ait creusé une espèce de gorge. Quand cette opération est terminée, on peut continuer à ébaucher la pièce, soit à gauche, soit à droite de la gorge déjà creusée. Quel que soit le côté sur lequel on agisse, on doit tourner l'outil de manière à ce que la cannelure regarde cette même gorge, et de plus, donner à la gouge une direction telle, que les copeaux soient rejetés également du côté de la gorge ; il suffit pour cela de porter un peu la main qui tient le manche vers le coude opposé. On continue de la même manière jusqu'à ce qu'on ait atteint les deux extrémités du cylindre. Cette méthode, indiquée dans un ouvrage récent, n'est suivie par aucun tourneur.

Il peut arriver quelquefois que le morceau de bois destiné à faire un cylindre, étant plus gros dans un endroit que dans un autre, on soit obligé d'enlever plus de bois pour atteindre le rond. Alors il ne faut pas enlever ce bois tout à la fois, et à la même place, mais on doit donner des coups de gouge à droite et à gauche, reje-

tant toujours les copeaux vers la gorge, et en
tournant l'outil du même côté.

Quand le cylindre a été autant arrondi et uni
qu'il est possible à la gouge, on le termine avec
le ciseau qu'on nomme *fermoir à planer*, et qui
est de tous les outils le plus difficile à diriger.
Les uns affûtent le fermoir carrément par le biseau, les autres, au contraire, l'affûtent obliquement. Cette dernière méthode est incontestablement la meilleure, car dans cet état, présenté perpendiculairement au bois, il se trouve
naturellement oblique, et cette position est nécessaire puisqu'en tournant il est impossible de
prendre le bois parallèlement à sa longueur. En
se servant de ce ciseau affûté carrément, on est
par la même raison obligé, selon les différentes
positions du bois, de porter le corps de côté et
d'autre, et par conséquent il est impossible de
garder l'aplomb nécessaire. (Voyez ces deux biseaux *Pl.* T, *fig.* 46 et 47, et *Pl. id.*, *fig.* 73, l'effet que produit le biseau oblique.)

On peut encore dire à l'appui de cette opi-
nion, 1° que le bois coupé avec un tranchant
affûté obliquement, présente beaucoup moins
de résistance, et que les pores d'ailleurs se trouvent couchés sur le bois même ; 2° que le bois
ayant déjà été arrondi par l'ébauchage, la partie du ciseau qui ne coupe pas, appuie sur un
cercle parfait, et que par là même, ce ciseau
ne peut couper qu'en suivant la direction que
lui imprime la partie du cylindre sur laquelle
il porte. On sait que le milieu du tranchant est
la seule partie de l'outil qu'on doive employer
pour couper le bois.

J'ai vu plusieurs tourneurs qui préfèrent le
ciseau affûté carrément, parce que, disent-ils,
le milieu du tranchant étant la seule partie de

l'outil qui porte sur la pièce, on n'est pas exposé, comme avec un biseau oblique, à gâter la pièce.

La manière de placer l'outil est, dans cette circonstance, très-importante ; il faut avoir soin de ne pas le faire trop incliner, car alors on ne planerait pas le cylindre, mais on produirait une infinité de cannelures qu'on n'effacerait qu'avec beaucoup de peine. On ne parvient que par une longue expérience à obtenir la justesse de main nécessaire pour cette opération. Les commençans se trompent d'autant plus facilement, que plus ils inclinent l'outil, plus ils coupent net, et plus les copeaux qu'ils obtiennent sont frisés.

Quand on veut planer un cylindre, il faut éviter les reprises et les secousses, et donner à l'outil un mouvement tellement égal, qu'il glisse parallèlement tout le long de la pièce ; autrement chaque reprise resterait empreinte sur le cylindre.

Le fermoir à planer ne doit, comme je l'ai déjà dit, jamais couper que par le milieu, et son angle supérieur doit toujours être élevé au-dessus du bois. Mais il arrive souvent que, croyant tourner plus également, on présente le ciseau trop à face ; alors l'outil ne pouvant plus être contenu par la main, son angle supérieur descend au-dessous du centre du cylindre, accroche le bois, le pénètre profondément, et gâte entièrement la pièce. C'est là ce qu'on appelle vulgairement *un coup de maître*. Au reste, rien n'est aussi facile que de perdre et son temps et son bois en faisant un cylindre, car très-souvent en ne faisant, si je puis m'exprimer ainsi, que le caresser pour enlever de légères particules, et le rendre parfaitement droit, on le gâte de manière à ne pouvoir plus en tirer aucun parti. Les artistes vont plus loin, ils assuren qu'il est mathématiquement impossible de tourner un cylindre parfaitement rond.

S'il est difficile de tourner un cylindre bien rond, il ne l'est pas moins de lui conserver exactement le même diamètre dans toute sa longueur : cette difficulté se remarque particulièrement dans les objets qui exigent une perfection mathématique, comme par exemple la gorge d'un étui. Le compas même ne sert pas toujours à découvrir l'erreur, et en voilà la cause : quand on mesure un cylindre on serre le compas de manière à ce qu'il porte exactement sur les deux faces de la partie mesurée, mais en mesurant les autres parties il s'agrandit insensiblement, parce que souvent il passe d'un endroit plus faible à un endroit un peu plus fort, et en définitive il se trouve une différence notable. On pourra cependant juger que le cylindre est régulier, quand le compas bien appliqué passe d'un bout à l'autre de la pièce sans secousses ni accrochemens.

Le moyen le plus sûr pour juger de la perfection d'un cylindre, est de l'empoigner et de passer la main d'un bout à l'autre ; presque toujours on sent des ondes qui ont échappé à la vue.

On peut encore employer un autre procédé pour s'assurer si un cylindre est bien rond : on prend une gouge ou un grain d'orge, on présente le biseau à la pièce, de manière à l'effleurer légèrement, et on met le tour en mouvement ; si l'outil entame le bois dans certains endroits, sans l'entamer dans les autres, ce sera une preuve que le cylindre est manqué ; vainement on chercherait à corriger les imperfections ;

une main bien sûre et bien exercée pourrait
seule y parvenir.

Pour terminer le cylindre, il faut couper à
angles droits les deux bouts. Les uns se servent
à cet effet, ou de l'angle du ciseau, ou du grain
d'orge, mais ces outils grattant le bois plutôt
qu'ils ne le coupent, ne peuvent donner aux
surfaces le poli nécessaire. Les personnes bien
exercées coupent ces bouts avec l'angle supérieur du fermoir à planer : et voilà comment ils
opèrent : ils commencent par creuser un cercle
peu profond, ensuite ils retournent l'outil sur le
plat, et forment un chanfrein partant de l'extrémité du cylindre, et venant aboutir au cercle :
ils continuent ensuite à creuser le cercle et le
chanfrein, et parviennent ainsi perpendiculairement au centre du cylindre.

SECTION II.

Manière de tourner des manches.

En faisant eux-mêmes les manches de leurs
outils, les commençans trouvent deux avantages, le premier d'avoir ces manches tels qu'ils
les désirent, et le second de s'exercer, et par
conséquent d'acquérir de la facilité pour tourner. Quand on n'est pas bien habile, et qu'on
craint de faire des manches qui ne pourront
pas servir, on emploie les bois les plus com-
muns, tels que le frêne, l'érable, etc., et même
du bouleau, du tilleul, et en général des bois
tendres qui sont plus faciles à tourner que les
autres.

Pour faire des manches, on prend une bûche
et on la divise en rondelles d'environ quatre
pouces et demi, ou cinq pouces tout au plus ;

on fend ces rondelles, on ébauche les manches à la hache, et on les met sur le tour à pointes de la même manière que les cylindres ; ou s'assure également si les pointes sont au centre, et pour cela on fait tourner en baissant la pédale, et où approche ou du blanc d'Espagne ou un crayon rouge ; si tous les points de la circonférence sont bien marqués, c'est une preuve que le bois est convenablement placé sur le tour : avec un peu d'usage, le coup-d'œil suffit pour s'en assurer.

On commence alors à faire à l'un des bouts, avec une gouge, une espèce de poulie de huit à dix lignes de largeur, à laquelle ou laisse deux bords assez élevés pour contenir la corde : c'est toujours à la gauche de l'ouvrier que se placent la poulie et la corde. Les choses étant en cet état, on ébauche avec la gouge toute la partie qui doit composer le manche, en laissant toujours un bout plus gros que l'autre. On peut enjoliver ces manches, si ou le juge à propos ; mais pour être tout unis, ils n'en sont ni moins commodes, ni moins solides.

Quand le manche est ébauché, on s'occupe de le renforcer par une virole qui est ordinairement en cuivre : on met cette virole sur un morceau de bois coupé carrément qu'on place sur le tour, et après l'avoir ébiselée avec un burin, on la retire afin de l'adapter au manche ; on replace le manche sur le tour, on prend avec un compas, qu'on nomme *maître à danser*, la grandeur de la virole, et on coupe à angle droit la partie du manche qu'elle doit renforcer : on doit toujours faire en sorte que le tenon entre avec force dans la virole, et pour cela on tient ce même tenon un peu plus gros à sa partie supérieure. On pose ensuite la virole debout sur un établi, en mettant en dessus le côté qui a été ébiselé, et l'on fait entrer le manche en frappant avec un maillet sur le bout opposé. Quand la virole est à sa place, on la tourne sur sa circonférence, et on l'ébiselle à son extrémité.

La forme des manches varie selon le goût des amateurs : les uns les veulent tout unis, d'autres y font des gorges, des moulures, etc. ; sans rien déterminer à cet égard, je pense que les plus commodes sont ceux qui, tournés en cylindre dans les deux tiers de leur longueur, se terminent à leur partie supérieure en forme de poire alongée.

Quant à la longueur et à la grosseur des manches, on ne peut rien déterminer ; ces deux qualités dépendent absolument de la force et de la dimension des outils. Cependant les manches ordinaires ont environ quatre pouces et demi, y compris la virole.

J'observe qu'il ne faut jamais prendre le bois en remontant, mais de manière à ce que les fils soient coupés net, et que les pores soient conclus. Quand le bois est coupé bien net, et quand le manche est rond, il est presque poli, après avoir été terminé au ciseau, surtout s'il est fait avec du bois dur : alors il suffit, pour lui donner le lustre, de prendre une pleine main de copeaux minces, d'empoigner le manche de manière à ce qu'il soit couvert par les copeaux, et de faire mouvoir le tour pendant quelques instans : on peut aussi se servir d'un morceau de bois mou.

Au centre du manche on pratique un trou destiné à recevoir la soie ou la queue de l'outil ; mais comme ce trou doit être parfaitement au milieu, on ne peut le percer avec assurance que sur le tour et au moyen d'une lunette. (Voyez *Pl.* III, *fig.* 3.) Voilà comment cette opération se pratique.

Quand on a garni la poupée d'une lunette convenable à la grosseur du cylindre qu'on veut y placer, et quand on est assuré que le trou est bien concentrique à la pointe, on fixe solidement la lunette en serrant l'écrou; ensuite on met le manche sur le tour, l'y retenant à gauche par la pointe de la poupée, et à droite, c'est-à-dire du côté de la virole, par la lunette; et quand on s'est assuré que la pièce tourne aisément, on fixe la poupée assez solidement pour qu'elle ne puisse remuer ni vaciller; alors on cherche le centre du manche, et quand on l'a trouvé, on le marque avec un grain d'orge un peu aigu; on perce après cela le trou avec une mèche de grosseur convenable, ayant soin qu'il se trouve parfaitement au centre. Pendant qu'on perce le trou on est obligé de retirer à différentes fois la mèche pour la graisser, et pour faire tomber les petits copeaux qui gênaient son action. Il en est qui agrandissent le trou successivement avec des mèches de différentes grosseurs, mais c'est une perte de temps inutile; on y parvient plus aisément et plus promptement au moyen de l'outil qu'on nomme une *louche*, et qui ayant lui-même une forme conique peut donner au trou la largeur et la forme convenable pour la sole de l'outil qui va toujours en diminuant par le bas.

Pour percer un trou parfaitement droit dans toute sa longueur, ce qui n'est pas facile, surtout pour les personnes peu exercées, on doit tenir la main droite assez élevée pour que la mèche soit dans le prolongement de l'axe de la pièce placée sur le tour.

Quand le manche a été garni d'une virole et percé, il ne reste plus qu'à le terminer par la tête; pour cela on approfondit avec le ciseau la séparation qui se trouve entre le manche et la bobine, et on a soin en enlevant le bois de ne laisser sur la poire aucune inégalité, ni aucune rainure. La séparation dont je viens de parler s'affaiblissant à mesure que le ciseau enlève du bois, n'est bientôt plus en état de supporter même un léger effort; c'est pourquoi on est obligé de modérer les coups, car autrement le bois se casserait, et s'il ne blessait pas le tourneur, il laisserait au moins à la tête du manche des inégalités qui le défigureraient. Après avoir donc donné au manche tout le poli qu'il est susceptible de recevoir, on amincit insensiblement le lien qui l'attache encore à la bobine, et on amincit ce lien jusqu'au point qu'il puisse se casser sans effort et ne laissant de sa rupture que quelques légères marques que l'on fait facilement disparaître avec un instrument tranchant. Il est absolument inutile de pratiquer une bobine au bout du manche, on place la corde sur le manche lui-même, on l'avance et on la recule au besoin, mais le trou de la pointe doit toujours se voir sur le gros bout du manche. Quelques tourneurs ne diminuent pas autant le bois qui joint le manche à la bobine, ils lui laissent une certaine force, et opèrent la séparation au moyen d'une scie; ensuite ils terminent le profil, d'abord avec une râpe, et ensuite avec une lime bâtarde.

Quand, par le moyen que j'ai indiqué, on a proportionné le trou du manche à la grosseur de la soie de l'outil qu'on veut emmancher, on prend cet outil dans un étau, et on le serre for-

tement tenant la sole par en haut ; alors on pose
le manche en insinuant le bout de la sole dans
le trou, et on l'y fait totalement entrer en frappant avec un maillet sur la tête du manche. L'a-
mateur qui sait bien faire un cylindre et des manches d'outils, peut entreprendre avec une espèce
d'assurance tous les ouvrages qui se font sur le
tour ; c'est ce qui m'a déterminé à entrer dans
d'assez longs détails sur ces deux opérations.

Je dois observer ici que l'huile et tous les corps
gras pénètrent dans les pores du bois, qu'ils les
font gonfler, et qu'ils rendent le frottement très-
dur. Il n'en est pas ainsi du savon, aussi c'est
avec cette substance qu'on doit frotter les bois
toutes les fois qu'il doit exister des frottemens
entre eux.

J'aurais désiré m'étendre sur la manière de
faire les viroles, mais les bornes de cet ouvrage
ne me permettent que d'en dire peu de chose.

SECTION III.

Manière de faire des viroles.

Les viroles peuvent être faites en étain, en cuivre ou en fer ; beaucoup de personnes préfèrent
les dernières, parce qu'elles ne présentent pas les
mêmes inconvéniens que les autres.

Les viroles en étain se coulent sur les manches
même des outils, au moyen d'une entaille cylindrique faite au bout le plus petit du manche,
et de quelques trous pratiqués d'espace en espace dans ce cercle. On couvre l'entaille avec
une bande de carton qu'on lie avec du fil mouillé ;
on forme sur une des parties de la bande une espèce d'entonnoir, en relevant les croisillons d'une
incision cruciale faite avec un instrument cou-

nant très-bien de la pointe, et c'est par cette espèce d'entonnoir qu'on verse de l'étain fondu,
dans lequel on a mêlé un peu de zinc pour le
durcir. Quand la matière est froide, s'il reste
quelques aspérités, on les fait disparaître avec
une râpe; ensuite on remet le manche sur le
tour et on tourne les viroles avec un burin.

Pour faire des viroles de cuivre, on coupe des
lames qui ne doivent pas avoir plus de deux tiers
de ligne d'épaisseur; on les plane, on ôte les bavures, et on les arrondit de manière à ce que les
deux extrémités se touchent, et pour qu'elles ne
se séparent pas, on les contient avec du fil de fer
bien recuit tenant le nœud en dessus; on met de
la soudure en dedans et sur la suture du borax
calciné et bien sec, et on présente la virole au
feu. L'opération sera plus prompte et plus ra-
pide, si elle est faite dans une forge avec du charbon de bois. Pendant que les viroles seront au
feu, on les tiendra avec des moustaches; et aussitôt que la soudure aura coulé, on jettera les
viroles dans une terrine pleine d'eau seconde.

Quelle que soit la méthode qu'on suive pour
souder le cuivre, il faut donner sur les deux bords
en travers des coups de lime, qui sont d'autant
plus nécessaires, qu'ils facilitent l'introduction
de la soudure dans la suture.

Les rognures de canons de fusils ou de pistolets
font d'excellentes viroles en fer; mais comme ces
viroles sont en général trop petites, voici un
moyen d'en faire de toutes grandeurs et à peu
de frais.

On prend de la tôle à scie, dont le fer est fort
doux, et on en coupe des bandes de la largeur
qu'on veut donner aux viroles; on les coupe assez longues pour pouvoir former à chacune des
extrémités un biseau de six à sept lignes de lon-

gueur. Ce biseau doit être bien droit et bien aigu ; on arrondit ensuite les bandes de manière à ce que les deux biseaux se rencontrent l'un sur l'autre. Pour qu'ils se touchent parfaitement, on les maintient en les liant avec du fil de fer ; on soude ces biseaux avec du cuivre jaune qui se fond assez facilement sur un feu vivement animé ; on dresse ensuite les bouts à la lime, et on tourne les viroles sur place. (Voyez *Pl.* I, *fig.* 69, un manche fait.)

SECTION IV.

Manches universels.

On doit nécessairement avoir dans un atelier des manches qu'on nomme universels, parce qu'ils peuvent servir pour tous les outils d'une même espèce. Les uns sont destinés pour les limes, les ciseaux, et, en général, pour tous les outils dont la forme est plate ; les autres servent à emmancher les outils qui se cassent assez communément dans le manche, comme les tiers-points ; d'autres ne servent que pour les outils à soies carrées ; on n'en fait pas pour les outils à soies rondes. La forme de ces manches est la même que celle des autres, seulement ils portent sur le milieu de la virole une vis de pression qui sert à fixer plus solidement les outils. (Voyez *Pl.* I, *fig.* 70, 71 et 72.)

SECTION V.

Manière de faire des étuis.

C'est sur le tour en l'air qu'on fait ordinairement les étuis ; mais comme on peut en faire aussi avec le tour à pointes, je crois devoir donner la méthode suivie en pareil cas.

Pour faire un étui, ou choisit un morceau de bois parfaitement sain, et qui surtout n'ait ni fentes ni gerçures; on l'ébauche avec la hache, et on le met sur le tour. On commence par le dégrossir avec la gouge, et ensuite on le divise sur sa longueur en trois parties; l'une est destinée pour le corps de l'étui, la seconde pour la gorge, et la troisième pour la bobine sur laquelle on place la corde. Cette méthode de laisser des bobines et que je donne moi-même, parce que tous ceux qui ont écrit sur l'art du tourneur l'ont conseillée, cette méthode, dis-je, est rejetée par tous les bons artistes; on veut que les trous des pointes paraissent sur les deux bouts de toutes les pièces qui se font au tour. On peut même se convaincre que ce système est généralement suivi par l'inspection des étuis, et de tous les ouvrages de ce genre qui se trouvent dans le commerce.

La partie destinée pour la gorge, devant être moindre que celle du corps, on la réduit suivant la grosseur qu'on veut lui donner. La gorge doit être d'une égale grosseur et parfaitement cylindrique dans toute sa longueur, c'est pourquoi elle doit être tournée avec le plus grand soin. On se sert ordinairement, d'abord d'une petite gouge, et ensuite d'un ciseau à un seul biseau que l'on tient de manière à ce qu'il n'emporte à chaque coup que très-peu de bois; il est nécessaire de jauger très-souvent avec le compas d'épaisseur, afin que les bords joignent aussi exactement qu'il est possible; on se sert d'un grain d'orge pour tourner l'épaulement contre lequel le couvercle doit poser, ayant soin de suivre un angle un peu rentrant. On polit la gorge

avec de la prêle qu'on trempe continuellement
dans l'eau, et pour qu'elle agisse également partout, on a l'attention de croiser les traits. Quand
les traits sont bien effacés, on continue de polir avec la prêle sèche, et on frotte jusqu'à ce
que la gorge ne présente plus d'humidité. La
boue du poli pénétrant dans les pores du bois,
le rend un peu pâle, mais il reprend facilement
sa couleur naturelle; il suffit de mettre sur la
gorge quelques gouttes d'huile d'olive, et de frotter toujours en tournant, avec un morceau de
drap ou de serge, jusqu'à ce que l'huile ait totalement disparu. Avant de commencer à polir,
on ôte le vif de l'angle, en donnant au bout de
la gorge un coup de grain d'orge très-léger.

Pour faire le couvercle, on tourne un autre
cylindre du même bois, qui doit être aussi sans
aucun défaut et bien sain; on le tient assez long
pour pouvoir pratiquer au bout une bobine destinée à recevoir la corde. Quand ce cylindre est
tourné, on dresse très-exactement l'extrémité
par laquelle le couvercle doit être creusé : on
coupe même cette extrémité à angle un peu rentrant, afin qu'elle pose avec justesse sur l'épaulement du corps de l'étui.

Quand les deux pièces qui doivent composer
l'étui sont ainsi préparées, on place sur le tour
la poupée à lunette, et on commence par creu-
le corps de l'étui ; on se sert pour cet effet de
mèches de différentes grosseurs. Quand on croit
avoir donné au trou à peu près la largeur qu'il
doit avoir, on le termine avec le ciseau de côté
qui coupe à gauche et par le bout, et qui doit
être très-bien affûté ; on tient cet outil sur le
support avec le pouce gauche, des autres doigts
on empoigne la poupée, et on creuse d'un mouvement égal, et sans changer la position du ci-

seau, afin que l'étui soit aussi rond en dedans
qu'en dehors. On retire de temps à autre l'outil,
tant pour faire tomber les petits copeaux, que
pour s'assurer si le trou est assez profond. On
donne communément au fond de quatre à six lignes d'épaisseur. L'épaisseur de la gorge doit être
proportionnée à la qualité du bois, mais elle
n'excède jamais une ligne environ. Pour que l'é-
paisseur de la gorge se termine à angle presque
aigu, on l'amoindrit intérieurement à partir de
huit à dix lignes du bout; on termine cette partie de l'étui en frottant l'entrée avec de la prêle
sèche.

Les lunettes dont on se sert pour cette opération peuvent être en cuivre ou en bois : dans le
premier cas on enduit l'intérieur du cercle avec
de l'huile, mais dans le second, on ne se sert
que de savon.

Pour faire le couvercle, qui est la partie la
plus difficile de l'étui, on introduit le petit cylindre dans une lunette dont le cercle doit être
du même diamètre que celui du corps de l'étui;
on creuse ce cylindre de la même manière qu'on
a creusé le corps de l'étui; et pour que le bout
de la gorge ne porte pas contre le haut du couvercle, on donne à ce couvercle un peu plus de
profondeur. La plus grande difficulté est de donner aux deux parties de l'étui assez de régularité
pour que la gorge entre dans le couvercle avec
justesse, et que l'étui se ferme hermétiquement;
on ne peut atteindre ce but qu'en mesurant souvent avec le compas qu'on nomme *maître à danser*, dont j'ai déjà parlé, qui forme par le haut
un rond semblable à celui d'un 8 de chiffre, et
qui par le bas a deux jambes dont les pieds sont
en dehors. (Voyez *Pl*. I, *fig*. 65.) Ce compas
donne le diamètre intérieur par les pieds, et le

diamètre extérieur par le haut. Quand on s'est
assuré avec ce compas du diamètre intérieur du
couvercle, qu'on prend un peu plus petit qu'il
ne doit être, on le termine avec l'outil de côté
en le tenant ferme et invariable sur le support,
et en n'allant qu'à petits coups; on présente ensuite la gorge avec ménagemens, afin qu'elle ne
fasse pas fendre le couvercle; si on s'aperçoit
qu'elle force, on ôte un peu de bois, et on continue ainsi jusqu'à ce que la gorge entre jusqu'au
fond d'une manière égale; alors on tire le couvercle brusquement; s'il résiste également partout,
et s'il sonne bien, c'est une preuve que l'étui est
bien fait; dans le cas contraire, on juge que le
couvercle n'est pas rond, ou bien qu'il est trop
large. Il est encore un autre moyen de s'assurer
de la justesse de l'opération, c'est d'examiner si
les deux cercles de la jointure sont bien concentriques; s'ils ne le sont pas, on doit en conclure
ou que la gorge n'est pas ronde, ou que le couvercle a été mal percé.

L'intérieur de l'étui étant terminé, il faut s'occuper d'unir et de polir l'extérieur. On réunit les
deux morceaux, c'est-à-dire, on ferme bien exactement l'étui et on le remet au tour sur ses deux
centres. On enlève toutes les inégalités, d'abord
avec une gouge, ensuite avec le ciseau à un biseau; on donne à l'étui une forme parfaitement
cylindrique, et on le polit à la prêle. On peut
faire les bouts ou ronds ou carrés; dans le premier cas, on forme le rond avec un grain d'orge
bien affûté, et dans le second, c'est avec l'angle
supérieur du ciseau qu'on coupe le bout à angle
vif. Il ne faut pas oublier qu'on a dû laisser aux
deux fonds une épaisseur de quatre à six lignes.
On ne doit jamais apercevoir sur les bouts d'un
étui la marque des pointes : pour éviter ce dé-

faut on réserve à ces bouts un peu plus de bois
qu'il n'en faut, et on l'enlève avec le grain d'orge. Comme après avoir enlevé ce bois, il peut encore rester des aspérités, on fait un petit mandrin qui puisse entrer dans le couvercle, on place
ce mandrin dans la lunette, et on polit le bout.
On termine de même le bout du corps de l'étui,
soit en diminuant le même mandrin, soit en en
faisant un plus petit.

Dans la méthode que je viens de donner, j'ai
suivi les règles de l'art; mais on sent très-bien
qu'il serait impossible de prendre des précautions si minutieuses pour les étuis de peu de valeur; voilà donc un autre procédé qui est en
même temps plus court et plus facile.

Autre méthode.

On prend un morceau de bois un peu plus
long que l'étui qu'on veut faire, et on le perce
en lui donnant la profondeur nécessaire. On se
sert pour cela d'une mèche qui forme en un seul
coup le diamètre de l'étui. On tourne ensuite un
mandrin qu'on nomme *goujon*, et auquel on
donne environ trois pouces de longueur; on laisse
à gauche de quoi faire la bobine sur laquelle doit
être placée la corde. A droite, on tourne un cylindre long de deux pouces et d'un diamètre égal,
sur tous les points, à celui de l'intérieur du corps
de l'étui. On fait entrer ce mandrin dans le trou
fait avec la mèche, on le met sur le tour, et on
fait la gorge. Il est aisé de voir que ce mandrin
doit entrer dans le trou, assez juste pour entraî-
ner l'étui.

Pour faire le couvercle on a un autre morceau
de bois qu'on perce de la même manière, mais
on se sert d'une mèche qui doit faire un trou as-

sez grand pour que la gorge puisse y entrer. C'est pourquoi quand on tourne la gorge on a bien soin de mesurer souvent avec le maître à danser, afin de n'enlever ni trop, ni trop peu de bois.

Quand on s'est assuré de l'opération, on retire le mandrin, on place la gorge dans le trou du couvercle, on remet le tout sur le tour, et on termine en même temps et le couvercle et le corps de l'étui. On doit faire attention à pointer bien juste, car autrement l'étui ne serait pas tourné droit, et ne vaudrait rien.

Autre méthode.

Il est une autre méthode aussi simple que facile et prompte pour faire un étui. On commence par tourner un cylindre de la grosseur dont on veut que soit l'étui, et assez long pour qu'on puisse y trouver le corps de l'étui et le couvercle, et on polit ce cylindre de manière à n'avoir plus à y retoucher. On fait ensuite la gorge, ayant soin de lui laisser toujours un peu plus de largeur au sommet qu'à la base, et on perce l'étui. Cette opération terminée, on sépare l'étui de la portion de bois qui doit former le couvercle. On doit faire en sorte que la séparation soit faite bien carrément. On fait au bout par lequel le couvercle doit être percé et parfaitement au centre, un trou de forme conique, de quatre ou cinq lignes de profondeur, et assez large pour que l'extrémité de la gorge puisse y pénétrer au moins d'une ligne. On tourne alors dans ce trou la gorge, qui y forme un cercle, et cette empreinte indique la largeur que doit avoir le trou du couvercle. Comme la gorge a été faite la première, on peut la présenter de temps en temps, et s'assurer si elle entre bien juste dans le couvercle. J'ai dit qu'il fallait toujours tenir l'extrémité supérieure de la gorge un peu plus large que les bases, c'est-à-dire, ne pas faire cette gorge tout-à-fait cylindrique, c'est l'unique manière de parvenir à bien faire fermer l'étui, et la raison en est simple. Quand on met l'extrémité de la gorge dans le trou conique qu'on a commencé à faire au couvercle, cette extrémité éprouve déjà une contraction qui en fait rentrer les parties sur elles mêmes; lorsque le trou du couvercle est terminé, on y fait entrer la gorge avec un peu de force; et le bout de cette gorge se contractant de nouveau, tient forcément la gorge dans le couvercle. C'est là ce qui fait que l'étui rend une espèce de son, quand on le tire avec force et directement du couvercle. Cette méthode m'a été indiquée par M. Séguier, qui l'a toujours employée avec avantage.

On veut parfois orner les bouts et la gorge de l'étui de cercles d'ivoire, ou de toute autre matière; voilà la méthode qu'on peut suivre : on colle avec du mastic sur le bout d'un cylindre de bois fait au tour, un morceau d'ivoire, dans lequel on peut prendre un cercle tant soit peu plus grand que le diamètre de l'étui sur lequel on veut le placer. On met le cylindre sur le tour entre deux pointes, et on tourne l'ivoire, lui laissant un diamètre plus fort que celui de l'étui. On met ensuite l'ivoire à la lunette, et on fait, avec un bédane, sans perdre le centre, une entaille d'un diamètre suffisant pour que le cercle puisse entrer sur le bout de l'étui; on remet l'ivoire sur le tour à pointes, on dresse les bords du cercle, puis on le coupe à l'épaisseur convenable, avec un grain d'orge très-mince, affûté très-long. On a dû auparavant former à l'endroit où doit être placé le cercle une petite entaillure, assez large et assez profonde pour le recevoir. Le cercle doit entrer un peu juste, mais sans efforts. On le colle avec de la colle ordinaire, et quand on ne craint plus qu'il puisse se détacher, on remet le couvercle sur l'étui, et on termine avec un ciseau à un biseau; on doit faire en sorte de ne pas entamer le bois, mais seulement de l'effleurer. On polit le tout comme je l'ai dit plus haut; cependant, pour l'ivoire, il est bon de se servir d'un peu de blanc d'Espagne détrempé dans de l'eau, et de bien essuyer avec un linge.

Je donnerai ailleurs la manière de faire et de placer les cercles d'écaille.

Quand on veut polir à la prêle, on en prend plusieurs brins qu'on casse dans les nœuds, on en forme un petit faisceau, avec lequel on frotte la pièce, ayant soin de le tremper continuellement dans de l'eau claire. On doit éviter de frotter avec les nœuds, qui étant très-durs, gâteraient la pièce au lieu de la polir.

SECTION VI.

Manière de faire un dévidoir.

On peut faire des dévidoirs de plusieurs espèces, et les surcharger plus ou moins d'ornemens; mais le goût dirige seul les amateurs à cet égard. Je me bornerai donc à décrire ici une méthode facile, et qui pourra servir de base dans toutes les occasions.

Pour faire un dévidoir, on s'occupe d'abord du pied; on choisit un morceau de bois, n'importe de quelle espèce, mais qui soit bien sain, qui ait douze à treize lignes d'épaisseur, et qui forme un carré de sept à huit pouces de diamètre; après l'avoir raboté de manière à le rendre bien uni des deux côtés, on lui donne six ou huit pans, suivant le goût de l'amateur; on fait ensuite, parfaitement au centre, un trou d'un diamètre de sept à huit lignes, et on le taraude avec un taran un peu plus fort, c'est-à-dire, qui ait environ dix lignes; on peut, si l'on veut, donner à la planche une forme ronde ou ovale; on tourne ensuite entre deux pointes, un cylindre de six à sept pouces de longueur sur dix lignes de diamètre, au bout duquel on conserve une bobine moitié plus grosse, et qui forme épaulement à la partie la plus mince. On taraude cette dernière partie et on la visse dans l'écrou fait au centre de la planche, de manière que cette planche pose exactement contre l'épaulement de la bobine, autrement la pièce ne tournerait pas droit.

Quand, au lieu d'un bois dur et lourd, on s'est servi d'une planche de poirier, d'érable ou de tout autre bois léger, il faut donner du poids au pied du dévidoir, et, pour cet effet, on forme en dessous, à un pouce environ du bord, une rainure circulaire d'un demi-pouce de profondeur, plus large au fond qu'à l'entrée, et dans laquelle on coule du plomb fondu; rien n'est plus facile que cette opération, il suffit de renverser la planche de manière que la rainure se trouve en dessus, de semer dans cette rainure quelques pincées de poix résine pulvérisée, et de verser le plomb avec le bec de la cuiller de fer dans laquelle on l'aura fait fondre.

On laisse refroidir le plomb, et on remet le pied sur le mandrin, observant bien qu'il soit absolument à la même position que lorsqu'il a été tourné. Pour ne pas se tromper, on a dû former un repère, c'est-à-dire tracer une ligne correspondante sur le mandrin et sur la planche.

Si le plomb excède la surface du bois, on ôte l'excédant sur le tour, d'abord avec la gouge, ayant soin de n'enlever que de très-petits éclats, et ensuite avec le grain d'orge : au reste, rien n'est plus facile à tourner que le plomb ; cependant, comme le copeau grippe et qu'il quitte mal, on doit frotter continuellement le plomb avec du savon un peu humide.

Un diamètre considérable, la volée et la rapidité qu'elle acquiert en tournant, rendent un peu difficile la manière de tourner le pied d'un dévidoir ; d'abord il faut se servir, pour ébaucher le cercle, d'une gouge un peu étroite et affûté de long, afin qu'en prenant moins de bois, on éprouve aussi moins de résistance ; en second lieu, il ne faut pas oublier que la gouge doit être présentée très-inclinée au plan du cercle.

Quand le cercle est bien ébauché, on prend un ciseau à un seul biseau, bien affûté, et on le présente perpendiculairement au bois, et pour l'empêcher de brouter, il est très-bon de le présenter même au-dessous du niveau ; on nomme brouter un mouvement de tremblement qu'il est difficile d'arrêter lorsqu'une fois il a commencé ; cependant quand il vient de ce que le support est trop près, on y remédie en écartant un peu ce même support. (Ce principe établi chez quelques auteurs est faux, car il est reconnu que plus le support est près, moins la pièce est sujette à brouter.) Il est rare que le broutement n'ait pas lieu quand on présente l'outil à face ; pour éviter cet inconvénient il faut varier la position de l'outil, et croiser sans cesse la première direction qu'on lui a donnée ; on peut encore éviter le broutement en se servant d'un grain d'orge un peu plus large, assez épais pour ne pas trembler, et qui ait un biseau long sans être trop aigu. J'ai vu un ouvrier arrêter le broutement en appuyant sa main contre la pièce, et en la soutenant de manière à l'empêcher de vaciller. Quand les parties plates sont coupées bien net, et quand la doucine a été faite avec des gouges convenables, le pied doit nécessairement être bien fait; il ne restera plus alors qu'à le polir; on se sert pour cet effet d'une nageoire de peau de chien de mer, ou bien de papier qu'on nomme anglais, ou de verre, qu'on passe avec précaution sur le champ et sur les moulures dans tous les sens.

La seconde pièce est la tige qui porte le dévidoir, on lui donne ordinairement la forme d'un balustre; les bons tourneurs en dessinent ordinairement le profil avant de le tourner, et c'est la meilleure méthode.

Pour faire cette tige, on forme sur le tour un cylindre de dix à douze pouces de longueur sur seize à dix-huit lignes de diamètre; on prend sur la partie qui doit être placée en bas, une longueur de deux pouces destinée à former le tenon à vis qui doit entrer dans le plateau, on marque cette longueur avec un léger coup de l'angle du ciseau; ensuite, avec un compas d'acier à ressort (voy. *Pl. I, fig. 67*), on prend sur le dessin la hauteur de chaque partie des moulures qu'on veut faire, et on marque cette hauteur par un trait circulaire. Toutes les mesures doivent être prises de manière à ce qu'il reste par le haut une longueur suffisante pour la tige sur laquelle tourne le dévidoir.

Quand tout est bien tracé, on coupe le cylindre juste au dernier trait; s'il se trouve de l'excédant, on le remet sur le tour; pour avoir plus facilement le centre on se sert du compas; quand on est certain de l'avoir trouvé, on serre les poupées suffisamment pour que les pointes fassent chacune leur trou. J'ai donné ailleurs le moyen de s'assurer avec du crayon rouge si le cylindre tourne droit.

Après avoir réduit la grosseur du cylindre à celle de la panse du balustre, on s'occupe du tenon qui doit être à vis, et on ne lui laisse que la grosseur nécessaire pour qu'après avoir été taraudé, il entre parfaitement dans l'écrou fait au centre du plateau; on a soin de lui donner un peu d'entrée. Il est essentiel que l'épaulement pose exactement sur le plateau. Pour tarauder le tenon, on prend le cylindre perpendiculairement entre les mâchoires d'un étau, entre deux morceaux de cuir; on frotte le tenon avec du savon, et on présente la filière en bois bien horizontalement, la tournant en appuyant un peu jusqu'à ce qu'elle ait pris; on continue de la tourner, mais d'une manière égale, jusqu'à ce qu'elle soit parvenue à l'épaulement; on ôte alors le cylindre de dessus le tour, et on réitère cette opération différentes fois, c'est-à-dire qu'on fait à différentes reprises passer la vis par les mêmes filets. Quelque précaution qu'on prenne, la vis ne va jamais jusqu'à l'épaulement; mais il est un moyen bien simple de réparer ce mal, c'est de continuer le pas avec un canif, un couteau ou quelque autre instrument bien tranchant.

Quand la vis est faite, on remet le cylindre sur le tour, et on prend avec le maître à danser le diamètre du carré ou de la moulure qui doit commencer le pied; pour ne pas perdre les traits qu'on a faits sur le cylindre, on les approfondit avec l'angle du ciseau.

On met le carré à sa grosseur, en coupant le bois bien net par la partie près de l'angle inférieur du ciseau ; la moulure qui suit se commence avec une gouge dont le tranchant est bien affilé, et se termine avec un ciseau ; on coupe à angle bien droit la partie qui doit rester carrée en présentant à face l'angle supérieur du ciseau ; si c'est une gorge qui suit, on l'ébauche avec une gouge un peu grosse, et plus profondément que le carré, et en donnant ainsi du dégagement, on procure au ciseau la facilité de couper plus net : l'angle du carré doit toujours être très-vif. On ne saurait donner trop d'attention à la formation de la gorge.

Ce que j'ai dit doit suffire pour qu'on puisse, sans éprouver de grandes difficultés, donner à la tige la forme qu'on jugera convenable; dans tous les cas, avant de tourner la tige, on doit y faire un rond entre deux carrés, ou bien une autre moulure quelconque qui termine le haut de la panse.

La tige ne doit pas avoir plus de six lignes de diamètre. On donne à la partie sur laquelle doit tourner le croisillon, un diamètre un peu plus faible que celui du trou qu'on veut faire à la première croix, et la largeur de cette même partie ne devra pas excéder l'épaisseur des lames. Le dévidoir devant former un tout susceptible d'être transporté d'une place dans une autre, sans être démonté, et sans que ses différentes parties soient séparées, on pratique à l'extrémité supérieure de la tige une vis dont le bout est arrondi, sur laquelle on met écrou à chapeau, qui vient presque poser sur le croisillon d'en bas. Pour que cet écrou puisse se

visser plus facilement, on lui donne six ou huit
pans. Pour terminer le balustre on met dans
une lunette le bout de la vis qui a été arrondi,
et on y fait avec une mèche très-fine un trou de
six à huit lignes de profondeur, destiné à recevoir bien justement une petite tige d'acier. Pour
que le trou se trouve bien au centre, on le pratique dans celui qui a déjà été fait par la pointe
du tour. Avant de placer la tige d'acier, on y fait
à la lime une pointe douce, et on la trempe de
couleur bleue. Cette pointe roule dans une crapaudine de cuivre, dont je parlerai un peu plus
bas.

Quand la tige est en cet état, il faut l'adapter
au pied du plateau dont j'ai parlé en premier
lieu : il suffit pour cela de visser le tenon dans
l'écrou pratiqué au centre du plateau, mais
comme ce tenon a deux pouces de longueur,
et que le plateau n'a qu'un pouce d'épaisseur,
on retrouve l'excédant qui a servi à donner de
l'entrée à la vis, et on réduit la longueur du
tenon à l'épaisseur du plateau. On se sert ordinairement pour couper cet excédant d'abord
d'une gouge affûtée de long, et ensuite d'un
ciseau.

Pour que le pied soit entièrement terminé, il
ne reste plus qu'à placer la pointe d'acier. On
met le pied entre deux pointes, de manière que
la corde porte sur la vis, et que le petit bout
soit pris dans une lunette. On enfonce dans le
trou fait sur ce petit bout un cylindre d'acier
de grosseur convenable, dont on a déjà ébauché la pointe, et on met le tour en mouvement
pour voir si la pièce tourne droit, et par conséquent si la pointe d'acier est bien au centre de
la tige. Quand on s'en est assuré, on fait un repère, ou une ligne de correspondance sur la

pointe et sur le haut de la tige; on retire la pointe, on la termine avec la lime, on l'émousse un tant soit peu, pour qu'en tournant elle ne creuse pas la crapaudine; enfin on la trempe, et on la remet à sa place, en observant de suivre bien exactement le repère.

Reste à former la partie qui doit particulièrement être nommée le dévidoir. On fait avec du bois, qu'on a refendu à la scie, deux lames égales, auxquelles on donne deux pieds de longueur, quatre lignes d'épaisseur, et dix-huit à vingt lignes de largeur. On les dresse bien à la varlope; on les réduit à environ trois lignes et demie d'épaisseur, et au moyen d'un trusquin, on les rend parfaitement semblables sur toutes les faces, ayant soin de les diminuer insensiblement, et à partir du centre, sur la largeur, qui doit se trouver à chaque bout un peu moindre qu'au milieu. On fait ensuite deux autres lames de quatre pouces de longueur, et qui doivent avoir la même largeur et la même épaisseur que les grandes. On a dû s'assurer du milieu de la longueur de chaque lame sur le plat, et le marquer avec un point : partant donc de ce point, on marque à droite et à gauche, avec un compas, la moitié de la largeur de la lame, puis avec une équerre à chaperon, on trace des traits qui se trouvent à l'équerre avec la lame. A l'aide d'un trusquin, on marque ensuite la moitié de l'épaisseur de la lame, et avec une scie à denture fine on scie en suivant bien exactement les traits jusqu'à la ligne qui marque la moitié de l'épaisseur, ayant bien soin de ne pas entamer les traits. On enlève ensuite, avec un ciseau bien tranchant, la demi-épaisseur de l'espace qui se trouve entre les traits, et on fait une entaille qui doit être bien droite et bien juste aux traits tracés sur l'épaisseur. Cette entaille ainsi faite sur les deux lames, on les place en forme de croix l'une sur l'autre, et, réunies ensemble, elles ne doivent avoir que l'épaisseur de l'une d'elles, à l'endroit où elles se croisent. Quand l'opération est bien faite, les lames se tiennent par l'effet seul de l'emmanchement, assez solidement pour n'être séparées qu'avec une certaine force. On dispose les petites lames absolument de la même manière.

On s'assure alors exactement du milieu, et partant de là, on trace un point, d'abord à un pouce environ de chaque bout des petites lames ; puis, sur les grandes lames, un autre point parfaitement correspondant au premier. A la place de ces points on fait, avec une mèche anglaise, des trous qui doivent avoir trois lignes de diamètre. Enfin, on perce au centre de la grande croix un trou de grandeur suffisante pour que la tige, qui doit entrer dedans, tourne facilement. Le trou de la petite croix doit avoir sept a huit lignes de diamètre. Pour que les lames soient assujetties, et plus solidement et plus proprement, on les colle avec de bonne colle forte.

Quand les croix sont terminées, on prend quatre morceaux de bois de trois pouces de longueur, sur un diamètre de sept à huit lignes, et après les avoir ébauchés à la hache, on les place l'un après l'autre sur le tour. On a dû conserver sur la longueur de chacun un pouce pour former la bobine, sur laquelle la corde doit tourner. On tourne ces morceaux de bois avec soin, et on en fait de petits balustres qui servent à assembler les deux croisillons : on donne ordinairement à ces balustres la même forme qu'à la tige; on réserve aux deux bouts, des tenons de grosseur convenable, pour entrer avec justesse dans les trous qui leur sont préparés. Ces quatre balustres doivent être absolument de la même hauteur, autrement les croisillons ne pourraient être parallèles entre eux. On donne aussi aux tenons un peu plus de longueur que l'épaisseur des lames.

Quand on a terminé les balustres, en gardant toutes les précautions que je viens d'indiquer, on coupe avec une scie la bobine qui n'est plus utile; on joint les croisillons, et on colle avec de la colle forte les tenons, ayant soin que les lames posent exactement sur les épaulemens des tenons. Quand la colle est sèche, on râpe à fleur des lames l'excédant des tenons; on enlève le reste des aspérités avec une lime bâtarde, et on polit la pièce. Enfin on trace sur chaque lame de la grande croix, à distance égale, quatre points, dont le dernier se trouve à un pouce et demi du bout, et à la place de ces points, on perce des trous de trois lignes de diamètre, qui doivent aller en inclinant par dehors. On sent que si ces trous étaient droits, les petits bâtons qu'on met dedans, étant également droits, le fil pourrait s'échapper facilement quand on le dévide.

Pour rendre le dévidoir plus commode, on établit au-dessus une petite écuelle, dans laquelle on met le peloton, quand on est obligé de quitter le travail, avant que l'écheveau soit entièrement dévidé. Voici la méthode qu'on peut suivre :

On prend un morceau de bois bien sain, sans nœuds ni gerçures, long d'environ quatre pouces, sur un diamètre de trente-six à quarente lignes; on lui donne sur le tour la forme qui lui convient, ayant soin que la hauteur de l'écuelle, à prendre du bord jusqu'au dessous de la moulure du pied, n'excède pas trente lignes. Les dix-huit lignes restant servent à faire le tenon qui doit entrer dans le trou pratiqué au centre du petit croisillon. On réduit ce tenon à un peu moins que l'épaisseur des lames supérieures, et un pouce en sus. Cette opération terminée, on met le bois sur une lunette, et on creuse l'écuelle. On se sert pour l'ébaucher d'un grain d'orge, et ensuite on la termine avec le ciseau à un biseau qu'on choisit d'une courbure approchant de celle qu'on veut donner à l'écuelle. On fait en sorte de n'ôter ni trop, ni trop peu de bois : au bas du tenon de l'écuelle il faut pratiquer l'entaille où doit être placée la crapaudine de cuivre, et cette opération n'est pas facile sur le tour à pointes : cependant, faute de tour en l'air, on peut employer le moyen que je vais indiquer.

On fait un mandrin à griffes, c'est-à-dire un cylindre de trois à quatre pouces de longueur, sur un diamètre de douze à quinze lignes. On coupe l'un des bouts de ce cylindre à angle rentrant, et sur ce bout on enfonce trois pointes d'acier d'une faible grosseur, et de deux lignes tout au plus de longueur, les plaçant de manière à ce qu'elles forment les trois angles d'un triangle équilatéral. On fait la pointe avec une lime bâtarde sur le cylindre même. On place sur ce mandrin un petit rondeau en bois de quatre lignes d'épaisseur, sur lequel on a tracé un cercle du même diamètre que le mandrin ; on fixe le rondeau sur le mandrin, en donnant sur le bout opposé quelques petits coups de marteau.

Le mandrin étant parfaitement au centre de la planchette, on le remet sur le tour, et on s'assure s'il tourne bien droit. On tourne le rondeau à la gouge, tenant son diamètre un peu plus grand que celui de l'écuelle, et quand on est au tiers de l'épaisseur, on diminue le diamètre de manière à ce que le rond puisse entrer aux deux tiers dans l'écuelle, et que le tiers restant porte sur les bords de la même écuelle. Par ce moyen on aura un centre, et on pourra monter l'écuelle entre deux pointes. Pour placer la corde, on forme à la râpe quelques pièces de bois qui sont rondes, et qui remplissent à peu près la gorge : on met ensuite la pièce sur le tour, et le tenon dans la lunette ; par ce moyen on peut former sur le bout de ce tenon l'entaille circulaire dans laquelle la crapaudine de cuivre doit être placée.

Prenant ensuite un grain d'orge, on pratique au bout un renfoncement de quelques lignes de profondeur, qu'on termine avec le ciseau à un biseau. On a dû se procurer une petite plaque ronde de cuivre, autour de laquelle on aura fait quelques pans avec la lime, et qui ne doit pas avoir plus de trois lignes d'épaisseur. On met cette petite plaque dans le renfoncement, où elle doit entrer un peu avec force, et on la frappe avec un marteau, jusqu'à ce qu'elle pose exactement au fond : quand elle tient solidement, on trace au milieu un point, et ensuite avec un grain d'orge fort aigu, on fait un trou de forme conique. On peut, au lieu de grain d'orge, se servir d'un foret à cuivre.

Il ne reste plus, pour terminer cette partie, que de tourner la pièce qui doit fixer l'écuelle sur le croisillon, et voici comment on s'y prend : on perce à bois de bout, et à la grosseur du tenon, un morceau de bois choisi exprès ; on le met sur un mandrin de forme cylindrique, et on le tourne en lui donnant un diamètre plus fort de six lignes que celui du tenon, et une longueur suffisante pour que, collé à la place qu'il doit occuper, il affleure le tenon. Ce tenon doit entrer dans le trou pratiqué au milieu du petit croisillon, et y être collé. On conçoit facilement, maintenant, comment le dévidoir tourne sur son pied.

Enfin, on tourne avec soin quatre petits bâtons, ayant une tête à laquelle on peut donner différentes formes suivant le goût de l'amateur. Ces bâtons, plus gros en haut que par le bas, ne doivent entrer dans les trous que de huit à dix lignes tout au plus.

On peut briser les lames à deux pouces environ des balustres, en pratiquant des tenons et des entailles qu'on ajuste très-exactement ; mais m'étant déjà beaucoup étendu sur cet article, je ne puis lui donner de plus longs développemens.

Je terminerai par donner un conseil à tous les amateurs du tour : c'est d'envelopper avec du cuir les parties déjà polies d'une pièce, toutes les fois qu'ils seront dans la nécessité de faire porter la corde sur ces mêmes pièces; c'est l'unique moyen de les préserver, ou de l'impression que peut y laisser la corde, ou des rayûres qu'elle peut y occasioner. (*Voyez* ce dévidoir, *Pl.* I, *fig.* 64.)

Manière de faire un rouet à filer.

On prend une planche de dix à douze lignes d'épaisseur sur douze à quinze pouces de longueur et sept à huit de largeur, on la dresse bien à la varlope, et on lui donne une forme ovale ou carrée. On peut pousser tout autour à la partie supérieure, une moulure, n'importe de quelle espèce, ou bien clouer à l'extérieur une tringle d'épaisseur et de largeur convenables, faisant rebord.

On tourne deux montans de huit à neuf pouces de long, indépendamment du tenon : on leur donne la figure qui plaît davantage, mais, dans tous les cas, à six pouces et demi de l'épaulement du tenon on laisse un renflement, parce que cette partie, qui doit porter l'axe de la roue, a besoin de plus de force que les autres. On perce sur le plateau à droite deux trous à la même distance du bord, et éloignés de dix-huit lignes l'un de l'autre : on taraude ces trous, on y place les montans dont le tenon forme vis, et on serre ces montans de manière à ce qu'ils ne puissent vaciller, ni entrer plus avant. On prend ensuite avec un compas le point où doivent être faits les trous destinés à supporter l'axe de la roue; on perce ces deux trous bien horizontalement, puis avec une scie fort mince, on fait au montant qui doit se trouver à la droite de la fileuse et devant elle, une entaille qui aboutit au trou, non horizontalement, mais en venant du haut en bas.

On s'occupe ensuite de la roue, pièce qui demande beaucoup d'attention et de soin. On cherche une planche de quatorze à quinze lignes d'épaisseur sur treize à quatorze pouces de diamètre, et qui surtout soit bien saine et sans fentes ni gerçures; on prend dans cette planche un plateau sur lequel on trace un cercle d'environ treize pouces de diamètre. On découpe ce cercle avec une scie à chantourner, et on fait parfaitement au centre un trou de dix à douze lignes de diamètre dans lequel on fait entrer avec force un mandrin de forme un peu conique. On met alors la pièce sur les pointes, on la tourne sur les deux faces et sur l'épaisseur, et on la réduit à un pied de diamètre : on peut façonner cette roue, et faire sur les faces telles moulures qu'on jugera à propos. On creuse ensuite sur l'épaisseur du diamètre, une gorge circulaire assez profonde, pour que le plomb y ayant été mis, la gorge conserve encore assez de profondeur. On ôte alors la pièce de dessus le tour; mais avant, on creuse au-dessous du profil de chaque côté, pour donner plus de facilité à détacher le cercle ou la roue du reste du plateau.

On forme ensuite une bande de carton assez longue pour qu'elle puisse faire un peu plus du tour du cercle extérieur, et assez large pour couvrir l'épaisseur de la roue. On attache cette bande d'une manière solide en faisant plusieurs tours de ficelle assez près les uns des autres, et on termine par faire avec du carton une espèce d'entonnoir qu'on colle avec de la colle forte sur une des parties quelconques de la bande qu'on a percée ou échancrée à cet effet. Pour empêcher que le plomb ne s'échappe, il est bon de coller la bande tout autour sur les parties qui sont contiguës au bois.

On fait ensuite fondre du plomb ou de l'é-

tain en quantité suffisante pour former le cercle
d'un seul jet, et quand on s'est assuré, au
moyen d'un morceau de papier, que la matière
est au degré de chaleur convenable, on remplit
la gorge en versant jusqu'à ce que la matière re-
flue par l'entonnoir. Quand la gorge est pleine,
on s'arrête, et on laisse refroidir le tout. Il est
bon après avoir creusé la gorge, qu'il a été inutile d'unir, de donner en différens sens des coups
de gouge ; c'est le moyen de rendre la gorge de
plomb plus solide, et moins sujette à vaciller.

Quand le plomb est froid, on remet la roue
sur le tour ; mais comme elle a acquis et de la
volée et de la pesanteur, on fait sur la bobine
un tour de corde de plus qu'auparavant, et on
détermine la rotation qui peut ne plus se trouver juste, quoiqu'on ait laissé le mandrin dans le
centre du plateau.

On commence par se servir, pour tourner le
plomb, d'une gouge un peu large, et on va à
petits coups jusqu'à ce qu'on ait atteint le rond.
Pour bien tourner le plomb et l'étain, il faut
que la gouge fasse presque tangente au cercle.
Il faut faire en sorte de ne pas enlever trop de
matière, et que la gorge de plomb soit partout
d'une égale épaisseur, bien unie, et même en
quelque sorte polie ; on y parvient en la terminant avec une gouge un peu petite, et coupant
parfaitement bien.

Quand la gorge de plomb est terminée, on
achève les deux faces de la roue qu'on a ébau-
chées dès le commencement, on détermine le
diamètre intérieur de manière à ce qu'il se
trouve parfaitement d'accord avec les rayons,
on rend aussi droite qu'il est possible la surface
intérieure de la roue, et on détache le cercle de
dessus le noyau. Il s'agit maintenant de faire en-

trer juste, mais sans efforts, dans l'intérieur de la roue, le moyeu avec ses rayons, qu'on peut confectionner de la manière suivante :

On ébauche à la hache un morceau de bois bien sain, de deux pouces environ de diamètre, et dont l'épaisseur excédera tant soit peu l'écartement que les montans doivent avoir. On perce parfaitement au milieu, et sur la longueur du bois, un trou dont le diamètre ne doit pas avoir plus de trois ligues; on y fait entrer un petit arbre de fer ayant une bobine, on place la pièce sur le tour, et on l'ébauche sur chaque face et sur la circonférence, lui donnant le profil qu'on juge à propos. Cette opération terminée, on ôte la pièce de dessus le tour, et on retire le mandrin ou petit arbre qui a servi à la tourner.

On s'occupe ensuite de l'arbre auquel on donne une longueur suffisante pour qu'il porte sur toute la largeur des deux montans, et qu'il ait par un bout quelques lignes de plus, pour faire une vis qui doit recevoir la manivelle. Cet arbre est en acier, on le fait rond par les bouts et carré à huit pans au milieu, c'est-à-dire dans la partie qui doit entrer dans le moyeu. Le bout destiné à recevoir la manivelle doit être plus petit et former épaulement; on tourne les deux collets pour qu'ils soient plus ronds ou plus unis.

Quand l'arbre est terminé, on le fait entrer avec un peu de force dans le moyeu, on fixe sur l'un des collets une bobine, au moyen d'un écrou; on remet le moyeu sur les pointes, on achève de le tourner et on le polit.

On divise ensuite la circonférence en six parties égales, et à chacune de ces parties on perce avec une mèche ordinaire des trous d'un pouce environ de profondeur, et qui doivent être bien droits, car autrement les rayons qui doivent joindre le moyeu au cercle ou à la roue, ne seraient pas à égale distance l'un de l'autre, et l'opération serait manquée.

On tourne après cela six petits rayons de longueur bien égale, auxquels on donne encore le profil qu'on désire ; on réserve à un bout de chaque rayon un petit tenon de grosseur proportionnée au trou où il doit entrer, et on place ces rayons après avoir trempé dans la colle le tenon seulement. On s'assure ensuite si les tenons sont bien droits, et parfaitement égaux en longueur, puis on place la pièce dans le cercle où elle doit entrer très-exactement, si toutes les proportions ont été bien gardées.

Pour consolider le moyeu, on fait avec un instrument pointu, à la roue, six petits trous correspondant au bout de chacun des rayons ; on enfonce dans chacun de ces trous, un clou d'épingle un peu fort qui, traversant la roue, va entrer dans le bout du rayon, et la fixe solidement. Comme ce clou d'épingle traverse la cannelure de plomb, qu'il ne faut pas gâter, on l'enfonce avec un poinçon émoussé, jusqu'à ce que la tête soit cachée dans le plomb. Il est bon de remettre la roue sur le tour, à différentes fois, pour s'assurer si elle tourne parfaitement droit, et, dans le cas contraire, pour corriger les irrégularités.

On peut, si l'on veut, placer entre les rayons des vases, ou autres petits enjolivemens, en bois de différentes couleurs, et même en ivoire ; et ces vases ne sont pas faciles à tourner avec le tour à pointes : cependant on y parvient en employant le moyen suivant.

On prend autant de petits morceaux de bois

qu'on veut faire de vases, et on laisse à l'un des
bouts assez de bois pour former une bobine,
et quand le vase est tourné on coupe la bobine
avec soin. Ce travail minutieux ne doit être fait
qu'avec le ciseau, car la pièce, ne devant son
poli qu'à la netteté du coup, ne serait jamais
bien finie si on se servait du grain d'orge. Pour
pouvoir adapter ces ornemens à l'intérieur du
cercle, on leur laisse un petit tenon qu'on fait
entrer dans le trou pratiqué exprès, après l'avoir
trempé dans la colle forte.

Pour que la roue soit entièrement terminée,
il ne reste plus qu'à faire la manivelle qui doit
être de fer ou d'acier. On prend une tringle
large de quatre lignes et épaisse de deux, on la
forge et on lui donne la forme d'un C, réservant
à chaque bout une partie plus large et plus
épaisse que le reste : on donne à ce C, avec la
lime, une forme régulière ; quand on a bien
adouci avec une lime fine et de l'huile toutes les
parties du C, on fait au bout qui doit s'adapter
avec la vis du moyeu, et qui, comme je l'ai déjà
dit, est plus large et plus épais que le reste, un
trou qu'on taraude afin qu'il puisse servir d'é-
crou ; on fait aussi un trou sur l'autre bout, mais
on ne le taraude pas, on le fraise seulement.

On prend ensuite un morceau d'acier de longueur suffisante, et on fait à chaque bout, avec
la lime, un tenon dont l'un doit entrer dans le
trou non taraudé, fait à l'un des bouts du C ;
pour consolider ce tenon, on le rive au marteau
le plus proprement possible. On aura préparé
avant, un petit tuyau de cuivre dans lequel doit
entrer la tige d'acier, et dans lequel elle doit
tourner sans balotter, mais librement ; ce tuyau
doit être un peu moins long que la tige d'acier.
On prend ensuite un manche de bois qu'on a

aussi dû préparer auparavant; on fait entrer dans un trou pratiqué au milieu, le tuyau de cuivre; ce manche pour plus de propreté étant fait de deux pièces du corps et de la pomme, on rive la tige d'acier au bout du corps, de manière que le tuyau tourne librement; enfin, on fixe la pomme au bout du corps du manche avec un tenon qu'on y a laissé; par ce moyen on n'aperçoit pas la rivure.

Une des pièces les plus importantes qui restent à faire, c'est le chariot qui porte le fuseau et le volant.

On tourne une pièce de bois de dix pouces environ de longueur, et on a soin de conserver au milieu et vers les extrémités, un renflement assez fort pour recevoir un tenon; on perce, sur les renflemens des extrémités, deux trous d'égale grandeur et parallèles entre eux; on en perce un troisième sur l'espèce de boule qui est au milieu; ce trou ne doit pas traverser la boule en entier, et ne doit pas être en ligne droite avec les trous des montans; on tourne ensuite l'embase, et on y fait un tenon carré *méplat*, long et large d'un pouce, et épais au moins de huit lignes. Pour que le chariot ait plus d'assiette, on donne à l'épaulement dix-huit lignes environ de largeur. On taraude le tenon de manière à ce qu'il ait six à sept lignes sur sa largeur.

On tourne ensuite deux montans de six à sept pouces de hauteur, on laisse au bas de chacun un tenon, et en haut une partie cylindrique; on peut orner ces montans de différentes moulures; on fait en haut un petit couronnement; on ôte ensuite les montans de dessus le tour, mais avant, on fait à égale hauteur, sur chaque montant, deux traits fins, à une distance de six à huit lignes l'un de l'autre. On fait ensuite sur la partie cylindrique de ces montans, des mortaises d'environ deux lignes de large, dans lesquelles on met un petit morceau de cuir fort, qu'on coupe carrément à la hauteur de la mortaise, et dont on arrondit les angles extérieurs; on fixe ces morceaux de cuir avec un clou d'épingle à tête perdue.

On trace ensuite sur le plateau, mais un peu hors du milieu, une entaille de grandeur proportionnée à celle du tenon pratiqué au pied du chariot; on perce après cela, dans le prolongement de la ligne du milieu de l'entaille, un trou de six à sept lignes de diamètre, et plus long que l'entaille au moins d'un pouce; la vis que l'on met dans ce trou doit y tourner facilement. On tourne une vis de rappel dont l'embase placée au-dessous de la tête doit poser justement contre le bout du plateau et sur son épaisseur, et après avoir présenté cette vis en dessous du plateau, on marque l'endroit où est un renfoncement circulaire qu'on a dû faire à peu de distance de la vis; on pratique dans ce renfoncement une entaille de même diamètre que la vis, et de la même largeur que le renfoncement fait sur la vis. L'entaille faite sur le plateau ne doit pas traverser la surface supérieure; on fait une petite lame de bois qui entre juste dans cette entaille en tout sens, on l'échancre au diamètre de la vis, et on la met dans cette entaille. Quand la vis est à la place qu'elle doit occuper, et qu'elle est passée dans le tenon du chariot, entrant juste dans l'entaille, elle tient solidement à sa place la vis, qui alors ne peut plus que tourner sur elle-même, et faire avancer ou reculer le chariot.

Je ne parlerai pas des bobines et de tout ce qui les compose, d'abord parce que la description de cette partie demanderait des détails aussi longs qu'inutiles, et ensuite parce qu'on peut se procurer à très-médiocre prix des bobines toutes faites : il n'est d'ailleurs personne qui ne connaisse la structure d'une bobine ; dans tous les cas, ceux qui s'occupent du tour, n'ont besoin que d'un modèle pour être assurés de réussir à l'imiter.

On peut, si l'on veut, joindre au rouet une petite tasse qui sert à mettre de l'eau, et qui est supportée par un bras fait sur le tour. Voici comment se fait ce bras : on tourne deux petits cylindres d'égale longueur, et de dix-huit lignes environ de diamètre ; on réduit la tige à un diamètre de cinq à six lignes, et à chaque bout on conserve le cylindre dans toute sa grosseur ; on arrondit ces bouts en forme de boule, et ensuite on enlève avec précaution par-dessus et par-dessous, tout le bois qui excède l'épaisseur des tiges ; on dresse les surfaces de manière à ce qu'elles s'appliquent justement l'une sur l'autre, sans que les tiges se touchent quand on voudra plier le bras ; ces bouts qui avant étaient des boules, ne forment plus que des cercles ; on perce bien exactement au milieu ces cercles, et on joint les bras des deux côtés au moyen d'un morceau de cuivre, rivé des deux côtés de manière à ce que les deux pièces puissent se plier facilement l'une sur l'autre ; les deux autres bouts sont destinés l'un à attacher le bras sur le rouet au moyen d'une vis, et l'autre à supporter l'écuelle ; ces deux bouts sont également percés, et les trous qu'on y a pratiqués doivent être taraudés. Comme le bois est naturellement poreux, et que l'eau filtrerait à travers si on la mettait directement dans la tasse, on donne à cette tasse une forme carrée, afin qu'elle puisse contenir un petit vase de verre. Il est clair qu'on conserve au-dessous de la tasse un tenon qu'on taraude, et qui s'ajuste avec l'écrou formé au bout du bras; quand on aura fait un trou de ce genre on sera assuré de faire tous ceux qu'on voudra entreprendre, surtout si l'on a un modèle. (Voyez *Pl.* I, *fig.* 62.)

Manière de tourner carré entre deux pointes, un balustre, une colonne, etc.

On prend un morceau de bois dur, dont la grosseur doit être à peu près du tiers de la longueur, et on en fait un cylindre aussi exact qu'il est possible de le faire; en supposant que ce cylindre ait douze pouces de long, et que son diamètre soit de quatre pouces, on le réduit à l'un de ses bouts, sur environ trois pouces de longueur, à quinze ou dix-huit lignes de grosseur, et cette partie ainsi réduite est destinée à faire une bobine pour recevoir la corde. Le bout du cylindre sur le côté duquel est pratiquée cette bobine, doit être dressé très-exactement.

Quand le cylindre est ainsi préparé, on trace au tour, sur chaque extrémité, un cercle qu'on divise en autant de parties égales qu'on veut tourner de pièces, sans cependant que les divisions puissent aller au-delà de huit. On trace ensuite avec une pointe ou autrement, une ligne partant de chaque point de la division, et aboutissant au point qui lui correspond, et on s'assure avec un compas si chaque ligne est à une distance égale de l'autre sur chacun des bouts du cylindre; cette opération faite, on creuse sur toute la longueur du cylindre autant de cannelures qu'on a tiré de lignes, et on donne à ces cannelures une largeur et une profondeur qui doivent être de l'égalité la plus parfaite.

On se sert de gouges de menuisier pour commencer à évider les cannelures, on emploie ensuite, pour dresser le fond, un outil qu'on nomme *guimbarde*, et pour dresser les deux côtés un guillaume dont le bout ne coupe pas, et qu'on nomme *guillaume* de côté. Je ne conseille pas à un commençant d'entreprendre un pareil travail, car il offre des difficultés qui arrêtent parfois la main la mieux exercée.

Quand on s'est assuré de la régularité des cannelures, on prend une petite planche de noyer ou d'autre bon bois, on la dresse à la varlope, on la met à peu près au rond avec la scie, et on pratique, au centre, et sur le tour, un trou dans lequel doit entrer très-juste le tourbillon ou la bobine qu'on a réservée au bout du cylindre pour recevoir la corde du tour. On met cette petite planche à la place que je viens d'indiquer, faisant en sorte qu'elle pose très-exactement contre le bout du cylindre ; on la fixe sur ce bout avec des clous d'épingle ou des vis à bois de quinze à dix-huit lignes de longueur, et on la met avec le mandrin sur le tour.

La manière de tourner cette planche et toute autre n'est pas facile à saisir ; ce qui le prouve, c'est qu'on trouve rarement une planche tournée, dont la surface soit également unie et polie sur tous les points ; pour réussir dans cette opération, on commence par ébaucher la pièce avec la gouge, et quand elle est au rond, on incline la gouge vers la gauche, et on ne prend de bois que sur le côté de cet outil qui, faisant l'effet d'un ciseau très-incliné, coupe très-net les fils du bois. On ne saurait, je le répète, apporter trop d'attention quand on tourne une planche.

Le cylindre étant terminé, on s'occupe des pièces qui doivent entrer dans les rainures, et qui sont celles qu'on veut tourner carré pour les faire bien égales ; on choisit un morceau de hêtre, de noyer ou même de chêne, qui ait au moins trois pouces en carré sur dix-huit pouces environ de longueur, et on le corroie sur deux des faces qui se suivent ; on trace sur la face de dessus, avec un trusquin, deux traits dont l'écartement doit un peu excéder la dimension des rainures du cylindre, ensuite on trace aussi avec le trusquin, sur la surface de dessus, un trait qui marque la profondeur de la rainure qu'on doit faire dans cette dernière pièce de bois. Cette rainure doit être de la même grandeur que celles pratiquées sur le cylindre, et se fait de la même manière. Pour empêcher que les morceaux, dans l'opération suivante, ne sortent de la rainure, on en ferme le bout avec un morceau de bois de la même forme que la rainure, et on le fixe avec des clous dont on a soin de noyer la tête. On attache aussi sur l'entaille, dans toute la longueur de la rainure, et à quatre ou cinq lignes du bord à droite, une tringle qui sert à diriger le rabot dont on se sert pour enlever le bois qui se trouve de trop sur chaque morceau.

Les choses ainsi disposées, on fait entrer une des pièces de bois dans la rainure, ayant soin de mettre en dessous la surface la mieux dressée. Cette pièce à laquelle on a laissé un peu de gras, excède nécessairement la surface supérieure de l'entaille : alors on prend un rabot dont le fer doit être parfaitement en fût, et on enlève cet excédant. Quand cette première face

est dressée à la profondeur exacte de la rainure,
on tire la pièce de la rainure, on la place sur la
face suivante, et on dresse cette seconde face de
la même manière que la première : on fait la
même chose pour les deux autres faces.

Quand les pièces sont ainsi mises au carré,
on les place dans les rainures du cylindre où
elles doivent entrer juste et sans forcer ; mais
comme l'outil en tournant pourrait les arracher,
on les consolide en liant chaque bout du cylindre avec du fil de fer recuit, ou bien avec un
cercle de fer fait exprès. On a dû auparavant
avoir soin que toutes les pièces posent également contre la planche, où le plateau fixé au
bout du cylindre, sur la bobine. Cette précaution est d'autant plus importante, que si l'une
des pièces ne posait pas exactement sur le plateau, les moulures ne se rapporteraient plus les
unes avec les autres. Les pièces étant ainsi placées et maintenues, on met le cylindre entre
deux pointes, on dessine alors la forme et le
profil qu'on veut donner aux pièces. Mais soit
qu'on veuille former un vase ou une colonne,
il faut avoir égard à la grosseur de la pièce, et
ne faire que des moulures qui aient peu de
saillie.

Pour ébaucher l'ouvrage on se servira de la
gouge ordinaire ; mais quand on aura atteint
dans toute leur longueur, les morceaux placés
dans les rainures, on déterminera les moulures
par des traits circulaires faits avec l'angle d'un
ciseau, et on ébauchera les parties destinées à
être creusées, avec une autre gouge affûtée un
peu de long. On se servira d'un ciseau bien
affûté pour terminer le travail. Cependant on
emploiera pour les parties creuses et étroites,
ou un ciseau coupant de biais, ou le côté d'une

gouge qui produirait le même effet. Enfin, on polira avec du papier de verre très-fin.

Quand le premier côté est terminé, on retire les pièces de leurs rainures, on les change de face, et on opère de la même manière jusqu'à la quatrième face; on a soin de placer les pièces de manière que la face terminée revienne sur l'ouvrier.

Il pourrait arriver qu'au quatrième côté, il y eût au bois des bavures; pour éviter cet inconvénient, on se sert de la gouge et du ciseau de biais qui coupent le bois beaucoup plus net, et on ne va qu'à très-petits coups.

Quand les pièces ont été changées de face, il faut s'assurer, aussitôt qu'on les a remises dans les rainures, si les moulures se rapportent bien, car autrement l'opération serait manquée, sans qu'on puisse y remédier.

Pour faire de cette manière un balustre, une colonne, un vase, etc., le meilleur bois qu'on puisse choisir, c'est le houx bien sec. Mais dans tous les cas, on ne doit employer que du bois dur, liant et doux.

Quand on commence à tourner, les pièces bien emboîtées dans les rainures demandent peu de ménagement; mais il n'en est pas de même pour les autres, et surtout quand on est parvenu à la quatrième face, car alors les parties ou les moulures ont été faites laissant beaucoup de vide, et rien ne soutenant le bois en cet endroit, on pourrait briser la pièce, ou au moins arracher les angles et faire des bavures, si on n'avait soin d'aller à très-petits coups. Je le répète, pour ces sortes d'ouvrages il faut avoir beaucoup d'exercice et de légèreté dans la main. (Voy. *Pl.* I, *fig.* 48, un balustre terminé.)

Manière de tourner des pièces triangulaires.

Les pièces triangulaires se tournent, à peu de chose près, comme les pièces carrées ; toute la différence consiste à faire sur un cylindre semblable à celui que j'ai dépeint dans l'article précédent, des rainures angulaires, et à donner cette même forme aux pièces qu'on veut tourner. Voilà la méthode qu'on peut suivre.

Quand le cylindre est préparé, on trace avec un compas, sur du papier, un cercle de même diamètre que le cylindre. On divise ensuite la circonférence de ce cercle en trois parties égales, en tirant une ligne de chaque point à celui qui se trouve le plus près. On forme un triangle équilatéral ; prenant ensuite, avec un compas, la longueur d'un des côtés, on mesure le cylindre, et on s'assure du nombre des rainures qu'on peut tracer sur sa surface. On divise ensuite cette surface de manière à ce qu'entre chaque rainure il se trouve un espace de quelques lignes ; et on marque les divisions par des traits tirés d'un point à un autre.

Pour faire les rainures, on saisit le cylindre dans un étau, mais entre les mâchoires d'un étau en bois de crainte de l'endommager, et on enlève le bois d'abord avec une scie à denture moyenne, et ensuite on recale les faces avec une écouène un peu fine jusqu'à ce qu'on ait atteint les traits marqués aux deux bouts du cylindre. On doit faire en sorte que les deux côtés du triangle soient parfaitement dressés dans toute leur longueur, car autrement les pièces qui doivent y être placées ne poseraient pas exactement, ce qui rendrait l'opération vicieuse et même impossible.

Pour faire les pièces triangulaires qui doivent entrer dans les rainures du cylindre, et y être tournées, on se sert d'abord de la varlope, et quand elles sont dressées on s'assure de leur exactitude en les présentant dans une rainure de forme triangulaire, et de la grosseur des pièces, pratiquée dans un morceau de bois un peu fort.

Quand toutes les pièces sont terminées, et qu'on s'est assuré qu'elles sont bien égales, on les place sur le cylindre, on les y assujettit, comme les pièces carrées, avec du fil d'archal, ou bien un cercle, puis on les tourne sur chaque face, on les termine et on les polit absolument de la même manière que les pièces carrées.

SECTION X.

Tourner ovale méplat des vases, des colonnes, etc.

Les pièces de cette espèce sont beaucoup plus difficiles à tourner que les autres, elles se confectionnent sur un cylindre comme les pièces carrées et triangulaires ; mais les cannelures ne se font pas de la même manière, et demandent des précautions toutes particulières : car la courbe de ces pièces devant être absolument la même que celle de la circonférence du cylindre, quand la pièce est tournée d'un côté la courbe ne peut plus être changée.

Quand le cylindre est préparé, on fait dans une petite planche, une encoche de la même courbure que le cylindre, et on serre la planche et le cylindre dans un étau. On prend ensuite exactement le rayon de ce même cylindre, et pour réussir plus sûrement, on place la pointe d'un compas, à l'écartement du rayon, sur des points hors du centre, et on trace la courbe ; après cela, pour que les cannelures soient à une distance égale du centre, on fait à une planche un trou, dans lequel le cylindre entre juste par le bout, et à partir du centre du cylindre, on trace un cercle sur la planche, et c'est sur ce cercle qu'on pose la pointe du compas pour diviser le bout du cylindre.

Pour faire les cannelures, on tire parallèlement à l'axe, un trait à chaque point où les courbes touchent le cercle de l'un des bouts du cylindre, on trace après cela les mêmes courbes à l'autre bout, et on saisit le cylindre avec un étau ou autrement. Ensuite avec un *rabot rond*, c'est-à-dire dont le fer est arrondi sur sa largeur, conformément à la courbure du trait marqué au bout du cylindre, on fait la cannelure qui doit se trouver régulière par chaque bout, et parfaitement droite. Enfin on fixe sur le bout du cylindre le plateau dont j'ai déjà parlé plusieurs fois, et dont l'unique fonction est de servir à poser juste les pièces qu'on veut tourner.

Quand le cylindre est ainsi disposé, on prend une tringle de bois convenable, et avec une varlope, on lui donne une forme méplate. Cette tringle doit être un peu plus large que les cannelures, et être plus épaisse que deux fois la profondeur de ces mêmes cannelures. On prend ensuite un *rabot cintré* ou à *mouchette*, c'est-à-dire qui courbe sur sa longueur, et produit un effet absolument contraire au rabot rond, et avec ce rabot cintré, on donne à la tringle, sur une face, la courbure qu'elle doit avoir.

Il serait difficile de donner à l'autre face la même courbure, la tringle ne pouvant plus porter sur l'établi ; alors, pour opérer facilement, on prend une planche, ou tout autre morceau de bois de longueur convenable, et avec le rabot rond qui a servi à faire les cannelures du cylindre, on fait une cannelure semblable. On place dans cette cannelure la partie courbe de la tringle, et on donne la même forme à l'autre face. Comme on a dû prendre des rabots se convenant parfaitement, les tringles doivent entrer juste dans les rainures.

La préparation du cylindre et des tringles n'est pas ce qui offre le plus de difficulté, c'est la manière de tourner les pièces. Comme on a dû donner à la tringle une longueur suffisante pour qu'on puisse y trouver autant de pièces qu'il existe de cannelures sur le cylindre, on sépare toutes ces pièces, on en dresse parfaitement les bouts, et on les place dans les cannelures.

Pour les tourner, on les maintient sur le cylindre au moyen du cercle dont j'ai parlé plusieurs fois, et pour placer ces cercles, on laisse sur chaque bout des pièces, une longueur d'environ un pouce ; c'est de ce point que part le profil des pièces. On doit se servir d'outils coupant parfaitement bien et de biais, car autrement il serait impossible d'éviter les bavures, et même les éclats. On aura surtout grand soin de ne pas changer la courbure.

Quand on a donné aux pièces, sur une face, la forme d'un vase, d'une colonne, on les démonte et on les retourne, les plaçant dans les cannelures sur la face opposée. Voilà l'opération la plus difficile ; d'abord les moulures doivent se rapporter non-seulement sur les pièces, mais encore avec celles qui sont sur le noyau du cylindre, ensuite les deux extrémités des pièces posant seules dans les cannelures, on a deux grands inconvéniens à éviter dans le travail, savoir : les bavures, et le broutement. Pour vaincre ces difficultés, il faut avoir des outils coupant de biais, et parfaitement bien affilés, n'emporter à la fois que très-peu de bois, et surtout avoir la main extrêmement légère.

SECTION XI.

Tourner triangulaire rampant.

Quand on veut donner cette forme à une pièce, on fait un cylindre absolument de la même manière que ceux dont j'ai déjà parlé plusieurs fois, et on trace sur sa longueur des lignes dont l'inclinaison à l'axe est proportionnée au rampant qu'on veut donner à la figure. À partir de chaque bout de ces lignes, on divise chaque bout du cylindre en autant de parties qu'on le juge à propos, et qu'il est possible de le faire, et on tire une diagonale pour chaque partie ou division. On trace ensuite des lignes qui, partant du point de chaque division, viennent aboutir aux centres du cylindre. Après cette opération, qui demande beaucoup de soin et d'exactitude, on porte sur chaque ligne de division des bouts du cylindre, la longueur 1, 2, de l'un des côtés égaux d'un triangle isocèle qu'on aura tracé sur un morceau de papier, ou sur une petite planche unie. (Un triangle isocèle est celui dont la base est plus petite que les deux autres côtés qui sont égaux.) Puis, prenant avec un compas la longueur de la base du même cylindre 2, 3, et partant du point marqué sur chaque division, on porte l'écartement du compas vers la circonférence du cylindre. Enfin, après avoir opéré de la même manière et dans le même sens pour chaque division, on trace les lignes 2, 3, c'est-à-dire celles de la base de l'isocèle, et on obtient autant de triangles que de divisions.

On prend une scie à denture fine, on saisit le cylindre dans un étau en ayant bien soin de ne pas en mâcher la surface, et on coupe la partie du bois qui se trouve comprise dans le triangle. On recale ensuite avec un ciseau toutes les entailles, on en dresse bien les faces sur la longueur, et on s'assure de leur régularité au moyen d'une bonne règle, et d'un calibre de cuivre fait exprès, auquel on donne la forme de celui qui se trouve *Pl.* I, *fig.* 66.

Avec ce calibre, on s'assure non-seulement de la justesse de l'angle, mais encore de la profondeur que les cannelures doivent avoir. Les pièces ayant plus d'épaisseur dans le milieu que dans les autres parties, c'est là qu'on prend le renflement quand il est nécessaire d'en conserver un pour la pièce qu'on veut tourner; et comme il est indispensable de conserver ce milieu, on le marque avec l'angle du ciseau.

Quand le cylindre est ainsi disposé, on le met entre les pointes du tour, et on tourne les pièces. Cette opération présente beaucoup de difficulté, car le bois étant oblique, on est assuré d'écorcher les angles, si on ne le coupe légèrement et avec toutes les précautions imaginables.

On a dû conserver à chaque extrémité du cylindre douze ou quinze lignes de bois destiné,

d'abord, à placer le cercle qui doit maintenir
les pièces dans les rainures, et ensuite, ce qui
n'est pas moins intéressant, à placer régulièrement les pièces dans ces mêmes rainures,
quand la première et la seconde face sont confectionnées.

Après avoir terminé le premier côté, on le
polit, comme je l'ai dit ailleurs, et on retire les
pièces des rainures après avoir ôté le cylindre de
dessus le tour.

Pour tourner le second côté, on fait un second cylindre de même forme, de même longueur et de même diamètre que le premier,
mais ce qui rend la confection de ce cylindre
très-difficile, c'est d'abord que ce côté doit
être travaillé en sens contraire du précédent, et
être terminé en ligne droite; et ensuite, que
l'inclinaison des cannelures doit être absolument la même, et que les cannelures doivent
être en tout semblables à celles du premier cylindre.

Au reste, on opère comme on a déjà fait, et
on se sert aussi du même calibre en le retournant. Ici se présente une nouvelle difficulté,
c'est de faire accorder exactement les moulures;
car pour peu qu'il se trouvât de différence entre
elles, l'opération serait irrévocablement manquée. On s'assure de l'accord des moulures, en
présentant légèrement à la surface, l'angle bien
aigu d'un ciseau.

Le troisième côté se tourne aussi sur un cylindre du même diamètre que les autres, et
dont les cannelures triangulaires sont parallèles
à la longueur du cylindre. Ce côté qui doit rac-
corder les moulures ne saurait être trop droit,
car la plus légère inclinaison détruirait la régularité de la pièce. (Voyez *Pl.* I, *fig.* 60.)

Je ne saurais trop répéter que les balustres de cette espèce sont très-difficiles à faire, et que les commençans surtout ne doivent pas s'exposer, en entreprenant une semblable opération, à perdre du temps, de la peine et du bois.

Balustre tourné rampant.

La *fig.* 60 bis, *Pl.* I, représente un balustre coupé au milieu par une ligne circulaire, et tourné de manière à présenter, sur deux cylindres à cannelures inclinées, deux rampans en sens contraire. Cette pièce qui, au premier coup d'œil, paraît extraordinaire, n'est pas plus difficile à faire que les autres. Il suffit de tourner chaque face d'une des moitiés sur les trois cylindres, et de tourner également sur les trois cylindres, les faces de la seconde moitié, mais en partie opposée. Pour donner plus de grâce à ce balustre, qui est véritablement curieux, on peut réserver une boule au milieu.

Manière bien plus simple de tourner des pièces triangulaires et méplates.

Tourner méplat.

Pour tourner méplat, on commence par corroyer deux pièces de bois de longueur et de grosseur convenables à l'objet qu'on veut confectionner; ces deux pièces doivent être parfaitement égales, et avoir une largeur double de l'épaisseur, c'est-à-dire que, réunies ensemble, elles doivent former un carré aussi exact que possible. On joint ces deux pièces sur le plat, et on les fixe l'une contre l'autre avec des viroles, ou avec du fil d'archal; on les place ensuite sur le tour, en pointant juste au milieu, c'est-à-dire entre les deux pièces. Quand on est assuré que les pointes sont parfaitement au centre, on met le tour en mouvement, et on donne à la pièce la forme qu'on désire; on a soin de conserver, à chaque bout, une portion de bois d'environ deux pouces à laquelle on ne touche pas, et qui conserve sa forme primitive. On voit par là que, pour tourner méplat de cette manière, il faut que les morceaux de bois soient plus longs de trois à quatre pouces que la pièce qu'on veut faire. Quand ce premier côté est terminé, on ôte la pièce de dessus le tour, on sépare les deux morceaux, on les réunit sur le côté opposé à celui qui a été tourné, et on les fixe de la même manière que la première fois, en plaçant les viroles sur les parties carrées qui ont été réservées sur les bouts. On pointe la pièce de nouveau, comme je l'ai déjà dit, et on tourne le second côté comme le premier en mettant la plus grande attention à faire accorder les moulures; pour mieux y parvenir, on peut les tracer avec un crayon, ou de la pierre noire, en faisant faire un tour ou deux à la pièce.

Il peut arriver qu'on veuille avoir des pièces méplates un peu moins épaisses; il est, pour y parvenir, un moyen bien simple, c'est de mettre entre les deux pièces qu'on veut tourner une petite planchette, de la même longueur que les pièces elles-mêmes, et aux deux bouts de laquelle on laisse aussi une certaine distance intacte, c'est-à-dire dans sa forme primitive.

On peut par le même moyen tourner des pièces triangulaires. Voilà comment on opère dans ce cas : on dresse à la varlope six petites pièces de bois de même longueur et de même grosseur, et on leur donne la forme triangulaire; on s'assure, au moyen d'un calibre, si elles sont aussi égales qu'il est possible, on les réunit ensuite toutes ensemble, on les fixe, comme je l'ai déjà dit avec une virole; on les place sur le tour, en pointant bien juste au milieu, et on les tourne; quand la première face est tournée, on ôte la pièce de dessus le tour, on desserre les viroles, on change les pièces de face, et on les réunit de nouveau comme la première fois.

On les replace sur le tour, et quand cette seconde face est terminée, on fait la même chose pour la troisième. On ne doit pas oublier de conserver toujours à chaque bout une petite distance qui reste dans son état primitif; autrement, après avoir tourné la première face, il ne serait plus possible de rejoindre les pièces.

SECTION XII.

Manière de tourner sur le tour à pointes, excentriquement, des parties rondes.

Quand on veut tourner une pièce de cette espèce, on choisit un morceau convenable de bois de cormier, ou tout autre bois dur et ferme, et on en fait un cylindre, dont on dresse bien exactement les deux bouts, en ayant soin d'y conserver les centres. On donne à ce cylindre la longueur et le diamètre qu'on juge à propos, en conservant une certaine proportion entre l'un et l'autre. On tire sur la longueur du cylindre, une ligne parallèle à l'axe; et des extrémités de cette ligne, on en tire une autre sur le bout du cylindre qui, passant exactement par le centre, partage le cercle en deux parties égales. On divise ensuite chaque moitié en trois ou quatre parties; on remet le cylindre sur le tour, et on marque sur la longueur, autant de divisions qu'il y a de lignes sur les bouts du cylindre; enfin, on trace sur chaque bout, et à des distances égales des centres, des cercles dont les diamètres doivent être d'une égalité parfaite. Comme on ne peut placer la corde du tour sur le cylindre, on pratique à l'un des bouts une bobine assez longue pour contenir cette corde.

Quand on a terminé ces différentes opérations, on place les pointes du tour dans deux des points excentriques qui se correspondent, et mettant le tour en mouvement, on prend un outil dont la forme est à peu près la même que celle d'un bédane de menuisier, et creusant dans la partie saillante jusqu'à ce qu'on ait atteint la surface de la partie rentrante, on amène au rond à l'épaisseur de quelques lignes, une petite partie du cylindre, et on forme une rondelle ou espèce de dame à jouer. Comme le bédane pourrait arracher le bois sur les côtés, on se sert d'un grain d'orge très-mince, ou mieux encore d'un ciseau large d'environ sept à huit lignes, mais réduit par le bout, à la distance d'un pouce environ à deux lignes de largeur, et affûté très-obliquement; par ce moyen, on coupe le bois parfaitement net.

Toutes les autres opérations ne sont que la répétition de celle-ci; on passe successivement de deux points excentriques à deux autres, et on a soin de donner à toutes les parties le même diamètre et la même épaisseur. Il est aussi essentiel que les rondelles soient contiguës les unes aux autres, de manière à représenter des dames placées hors centre, les unes sur les autres. On doit

couper le bois très-net et éviter les écorchures ;
il faut aussi éviter le broutement, et pour y parvenir, on serre modérément les pointes, dans la
crainte de faire plier la pièce par le milieu, et
on attaque le bois à très-petits coups. (Voyez
Pl. I, *fig.* 55.)

SECTION XIII.

Manière de tourner des cadres sur le tour à pointes.

Quoiqu'on fasse maintenant peu de cadres
ronds, je crois cependant devoir donner la manière de tourner les pièces de cette espèce.

On prend une planche de bois bien sain, et
surtout exempt de fentes et de gerçures ; on lui
donne avec la scie une forme ronde, et on fait
au centre un trou assez grand pour recevoir la
vis d'un mandrin, dont la longueur doit excéder
l'épaisseur de la planche, au moins de sept à
huit lignes. Il est inutile de tarauder ce trou ; il
suffit d'y faire entrer la vis du mandrin avec un
peu de force : d'ailleurs pour que la planche soit
plus solide, on la fixe avec un écrou. On place
alors la pointe de la poupée au centre de la vis du
mandrin, et quand on s'est assuré que la planche tourne bien droit, on la dresse, et on achève
de l'arrondir. On prend alors avec un compas la
largeur qu'on veut donner au cadre, et on marque cette largeur au moyen d'un cercle, entre
ce cercle et le bord de la planche, on forme d'autres cercles déterminant les moulures qu'on veut
faire sur le cadre. Quand les moulures sont faites, il reste à pratiquer la feuillure sur laquelle
doit appuyer la gravure ou la glace pour laquelle
le cadre est destiné, et à enlever le bois inutile.
Pour cela on fait à mi-bois, avec un tronquoir,

une rainure tout autour de l'intérieur du cadre,
puis, tournant la planche, on fait aussi sur l'autre face, et à mi-bois, avec le même instrument,
une rainure circulaire, correspondante à celle
faite sur l'autre face ; mais on lui donne un diamètre de trois à quatre lignes plus grand. Avec
un ciseau qu'on présente droit à la planche, on
enlève le bois tout autour de l'intérieur de ce cercle. Il est encore mieux d'enlever le bois sur le
tour, parce qu'on craint moins d'endommager le
cadre. Quand on a atteint la rainure faite sur la
face antérieure, le cadre se détache de lui-même,
et le bois, qui se trouve au milieu, reste sur le
mandrin.

On peut faire ce cadre également sur le tour
en l'air, et alors, au lieu de mettre la planche
sur un mandrin, on la visse sur le nez de l'arbre.

Parfois on donne au cadre la forme qui se voit
Pl. I, *fig.* 52 ; mais cette forme ne change rien
au travail, seulement au lieu d'arrondir la planche, on la tient parfaitement carrée.

Comme je l'ai déjà dit ailleurs, il n'est pas
facile de tourner un cercle sur une planche.
Pour vaincre les difficultés que présentent les
différens sens sur lesquels on doit couper le bois,
il faut apporter beaucoup d'attention, avoir des
outils bien affûtés, et les tenir assez fermement
pour qu'ils n'éprouvent pas de variation.

SECTION XIV.

Manière de faire une colonne torse sur le tour
à pointes.

On prend un morceau de bois d'une longueur
proportionnée à la pièce qu'on veut faire ; on réserve à l'un des bouts une bobine sur laquelle

doit se mettre la corde, et on tourne la pièce aussi ronde qu'il est possible de le faire. Quand le cylindre est terminé, on trace à chaque extrémité un trait bien léger, et on tire sur toute la longueur une ligne qui doit être bien parallèle à son axe, et à partir de cette ligne, on divise la circonférence en plusieurs parties égales. Si la division est en quatre parties, on tire des trois points de cette division trois autres lignes sur la longueur, ce qui forme les quatre cordes dont la torse doit se composer.

On peut faire faire à ces cordes un ou deux tours sur le cylindre : dans le dernier cas, on commence par diviser la longueur du cylindre en deux moitiés égales, et on subdivise ces deux moitiés en quatre parties aussi parfaitement égales ; on a soin de marquer ces divisions au crayon ou à la pointe. Alors, à partir d'un des points de division, on tire en diagonale, avec un crayon, un trait qui va aboutir d'abord à la section qui fait la première division en long, avec la première division en quatre de l'une des moitiés du cylindre ; ensuite à la seconde section, et ainsi de suite, jusqu'à ce que le tour soit terminé. On répète la même opération autant de fois qu'on a de lignes à décrire, et toujours en allant successivement d'une section à une autre. Quand chaque corde a fait ainsi deux fois le tour du cylindre, la torse est entièrement tracée, et il ne reste plus qu'à vider les intervalles qui se trouvent entre les cordons.

On se sert pour cela d'écouènes à denture fine et très-petite : on place entre deux des traits faits au crayon, en diagonale, une grelette ou écouène, qu'on nomme *tiers-point*, et on enlève le bois, en tournant insensiblement, et en suivant exactement de chaque côté le trait, qu'on a bien soin de ne pas endommager. Quand la cannelure est bien ébauchée, on la termine avec une écoue-ne ronde. Pour que la pièce soit bien faite, il doit régner la plus grande régularité dans les cannelures, c'est-à-dire, qu'elles doivent être toutes de la même largeur et de la même profondeur. Quand les cannelures sont terminées, on arrondit les cordons.

Près de chaque cordon, et à distance égale, on trace un carré qui doit être parfaitement exact et ne présenter aucune inégalité. On peut mettre sur le cylindre cinq et même six cordons, et ne les séparer que par une petite baguette. Toutes ces opérations demandent beaucoup de soin et d'attention. Comme on le voit, la majeure partie du travail est exécutée à la main, et non au tour : c'est donc à tort qu'on désigne comme faites sur le tour à pointes, les torses de ce genre; aussi n'en ai-je parlé que pour n'être pas accusé d'avoir négligé une partie de l'art de tourner. (Voyez *Pl. III*, *fig.* 45.)

SECTION XV.

Tourner un bâton coudé.

L'inspection d'un bâton coudé suffit seule pour prouver qu'il n'est pas possible de le pointer par les deux bouts : cependant on a besoin parfois de tourner les bouts d'un bâton de cette espèce, soit pour faire un pied de table, soit pour faire un dossier de chaise. Rien n'est plus facile que cette opération.

Quand le bois dont on veut se servir est ébauché, on le couche sur une table, ou sur un établi, et on prolonge la ligne d'une des parties; on forme ensuite grossièrement un morceau de bois

liant d'un pouce et demi d'épaisseur, et de longueur suffisante, et à l'une des extrémités de ce
bois, on fait une entaille assez grande pour contenir un des bouts du bâton. On met le bout dans
ce trou, et on l'y fixe avec des coins de bois;
on met ensuite la pointe du tour dans le prolongement de la ligne, et on tourne la pièce parfaitement droite. Quand l'une des parties est terminée, on ôte la pièce de dessus le tour, et on
la remet par l'autre bout dans le *renvers*; c'est
le nom que les ouvriers donnent à la courbure.

Après avoir mis la pièce sur le tour, il ne faut
pas oublier de s'assurer si la pointe est bien dans
l'axe du bout qu'on veut tourner. Cette méthode
peut servir dans une infinité de circonstances.
(Voyez *Pl. I*, *fig.* 51.)

SECTION XVI.

Vis d'Archimède.

La *vis d'Archimède* est une suite de plans inclinés, et se succédant insensiblement autour
d'un axe.

Pour faire cette vis, on commence par tourner
un cylindre en bois, n'importe de quel diamètre,
mais assez long pour que la rainure puisse faire
au moins trois révolutions tout autour; au bout
du cylindre, on conserve un guide, c'est-à-dire
une partie moins grosse, qu'on tourne aussi cylindriquement, et qui est destinée à soutenir la
pièce quand elle est placée dans une poupée à
coussinets de bois. Quand cette pièce a été ébauchée au tour à pointes, on la met sur le tour en
l'air dans un mandrin, puis on monte derrière
l'arbre, une torse à deux ou trois filets, selon le

nombre des canaux qu'on veut former; car on peut en creuser sur le même cylindre trois, ou quatre, et même davantage. On s'occupe ensuite de la rainure, qui ne doit pas être circulaire, mais une courbe à deux centres, afin qu'elle puisse retenir la boule qu'elle doit mettre en mouvement. Cette rainure se fait sur le tour avec un ciseau demi-circulaire, et dont la largeur doit être d'environ trois lignes. Après avoir approfondi la rainure dans toute sa longueur, on fouille la seconde courbure de la courbe, et pour cet effet on se sert d'un ciseau semblable au premier, mais d'un plus petit diamètre, et qui doit avoir l'arrondissement à gauche. On aura soin d'unir parfaitement la rainure, afin que rien ne gêne le mouvement de la boule qui doit rouler dans toute sa longueur.

Le cylindre une fois terminé, la tige réservée pour servir de guide devenant inutile, on la coupe, et à sa place, parfaitement au centre, on fait avec une mèche un peu fine, un trou de quatre ou six lignes de profondeur, et on remet le cylindre dans un mandrin, pour y faire sur le tour, un centre de a même nature. On fait ensuite une plaque mince de fer ou d'acier, au centre de laquelle on pratique un trou rond, susceptible de recevoir une tige aussi ronde, calculée de manière à ce qu'elle remplisse exactement le trou fait au centre du cylindre; cette tige doit ressortir de cinq ou six lignes, afin de former un axe ou tourillon sur lequel le cylindre doit tourner. Pour que la plaque ait plus de solidité, on la fixe sur le bout du cylindre avec des clous à tête fraisée, ou mieux avec de petites vis; à l'autre bout du cylindre, et aussi parfaitement au centre, on place une plaque et un tourillon de la même espèce; mais ce tourillon, étant destiné à recevoir une manivelle, doit être carré par le bout.

On place ensuite ce cylindre obliquement sur une espèce de tréteau dont on voit la forme (*Pl.* III, *fig.* 53).

J'ai dit plus haut que la rainure devait être une courbe à deux centres pour retenir la boule; voilà pourquoi : pour démontrer le jeu de la machine, on met une boule dans la rainure, et cette boule, placée dans le bas de la rainure, arrive très-promptement dans le haut quand on tourne le cylindre de gauche à droite. Pour empêcher que cette boule ne tombe quand elle est parvenue en haut de la rainure; et pour qu'elle soit continuellement en mouvement, on a imaginé le moyen suivant :

Quand le cylindre n'est encore qu'arrondi, on le perce sur la longueur d'autant de trous qu'on a formé dessus de rainures; ces trous doivent être placés à distance égale du centre, et en face de chaque rainure. Quand les rainures elles-mêmes sont terminées, on fait au haut de chacune de ces rainures un trou incliné à l'axe du cylindre, et dont on évase un peu l'entrée; ce trou doit aboutir au canal de la rainure la plus proche. On recouvre ordinairement ce trous de manière à ce qu'on ne voie pas par où entrent et sortent les boules qui sont continuellement en mouvement, c'est-à-dire, qui montent et descendent pendant tout le temps qu'on tourne le cylindre.

Cette vis d'Archimède, qu'on a toujours regardée comme une invention très-ingénieuse, a été dirigée vers un but d'une très-grande utilité. Au moyen de cette vis, dont la construction n'est pas tout-à-fait la même que celle de la vis que je viens de décrire, on élève l'eau à une certaine hauteur; on s'en sert très-avantageusement pour retirer l'eau qui gêne, quand elle abonde trop, dans des trous destinés à placer les fonde-demens d'un édifice quelconque. La vis d'Archimède est donc, sous ce rapport, une machine hydraulique très-intéressante.

Manière de tourner à la roue.

Je ne saurais trop conseiller aux amateurs, et en général à tous ceux qui veulent s'occuper de l'art de tourner, de se munir, dès le commencement, d'un tour bien solide. Ils y trouveront de très-grands avantages. Sur un tour de cette espèce, on peut travailler des pièces délicates, comme des pièces lourdes et d'un grand volume, et on ne craint jamais que le mouvement de rotation donne des secousses qui nuisent toujours à la perfection de l'ouvrage.

Il est aussi essentiel de se procurer des poupées de différentes forces, et analogues aux différentes pièces qu'on veut tourner.

On sent que la barre ou le support ordinaire ne peut pas suffire pour tourner du fer ou de grosses pièces, et alors on a recours au support à chaise dont j'ai donné la description. (Voyez Pl. I, fig. 6.)

Mais revenons à la roue. On commence par tourner le moyeu; on prend à cet effet un morceau de bois de huit à dix pouces de longueur, sur huit environ de diamètre, on le perce sur sa longueur de manière à ce que le trou puisse recevoir juste l'arbre qui est carré par le milieu et rond par les bouts. Cet arbre est de fer, sa partie carrée ne doit avoir que la longueur qu'on veut donner au moyeu, et ses deux collets doi-

vent être tournés avec soin. Au bout de chaque
collet, est ménagée une partie carrée à laquelle
s'adapte la manivelle qui sert à faire tourner la
roue. On perce sur le tour, à la lunette, un autre morceau de bois de la grosseur du moyeu ; on
le met sur un mandrin de grosseur suffisante, et
on le tourne ; comme la partie qui avoisine le
carré doit poser exactement contre la roue, on
a soin de la couper à angle bien droit. On donne
au carré une largeur équivalente à l'épaisseur
des barres de la roue, et pour qu'on puisse remettre exactement cette dernière pièce à sa place, on fait un repère.

La roue se compose de quatre montans auxquels on peut donner de cinq à six pieds de longueur. Quand on les a bien corroyés à la varlope, on en forme une double croix, au moyen
d'entailles faites à mi-bois, au milieu de chaque
montant ; les surfaces des entailles doivent bien
affleurer dessus et dessous.

On fait ensuite huit traverses qui doivent être
bien corroyées ; on pratique à chaque bout de
ces traverses des tenons qui entrent dans des
mortaises faites à distances égales des centres de
chaque montant. On trace ensuite des lignes qui
doivent se trouver exactement au milieu des traverses dont je viens de parler, et on y fait des
mortaises destinées à recevoir les tenons de huit
petites barres qui portent d'un bout sur ces traverses, et de l'autre sur l'intérieur du cercle de
la roue où ils sont également fixés par un tenon
et une mortaise d'un pouce de profondeur.

Pour faire le grand cercle de la roue, on trace
avec un compas à verge, sur une planche bien
saine, d'environ un pouce et demi d'épaisseur,
et qu'on a bien unie à la varlope, des portions de
cercle dont on proportionne la largeur à la force

de la roue, et auxquelles on donne une longueur suffisante pour que huit de ces portions forment la totalité du grand cercle. Quand on a tracé toutes les courbes dont on a besoin, on les refend à la scie ; on trace ensuite sur une grande table, ou par terre, un cercle égal à celui que doit avoir l'intérieur de la roue, et on le divise en huit parties égales. On tire de ces différentes parties un rayon au centre ; on place les courbes de manière qu'elles dépassent les traits de quelques pouces, et on trace sur le plat de chacune de ces courbes un trait suivant la ligne du rayon ; on divise ensuite, tant à l'intérieur qu'à l'extérieur du cercle, l'épaisseur en quatre parties égales, et on trace des traits qui indiquent la portion de bois qui doit être enlevée ; il faut avoir soin que l'entaille du milieu aille un peu en diminuant vers l'intérieur. Par ce moyen, si toutes les proportions ont été bien gardées, on aura une roue parfaitement ronde, on présente ensuite la roue sur les tenons qui, comme je l'ai dit plus haut, ont été pratiqués au bout de chacun des huit petits montans ; on fait à l'intérieur de la roue, à chaque endroit correspondant au tenon, une mortaise dans laquelle ce tenon doit entrer juste, et quand ces mortaises sont faites, on emmanche le tout ; puis avec les clés, on serre peu à peu jusqu'à ce que toutes les parties soient bien jointes, et forment une roue bien ronde. Ce travail demande beaucoup de soin et d'exactitude, car autrement, les parties ballotteraient, et la roue ne serait pas solide.

Cette grande roue n'est pas celle sur laquelle on place la corde qui doit mettre le tour en mouvement, elle ne sert qu'à donner de la volée, et à rendre moins pénibles les efforts de celui qui la tourne. On fait donc deux autres roues de différens diamètres, et dont on se contente d'assembler les bouts à plats joints. On adapte ces deux roues aux barres et on les y fixe avec des vis en bois; on peut, si l'on veut, mettre ces deux petites roues l'une contre l'autre, ou les placer à chacun des deux côtés de la grande; on a dû faire sur le champ de ces roues, une rainure de profondeur suffisante pour recevoir la corde.

Le pied de la roue, dont il me reste maintenant à parler, se compose de deux montans assemblés solidement à tenons et à mortaises sur deux patins qui sont eux-mêmes assemblés par deux traverses; ces traverses déterminent l'écartement des montans à la longueur du moyeu. On fait ordinairement ce pied avec du bois fort et épais, afin de lui donner plus de poids. Pour tourner la roue, on place à chaque bout de l'arbre, où, comme je l'ai déjà dit, on a laissé une partie carrée, des manivelles faites en forme de C ou de S.

Au haut de chaque montant, on pratique une entaille, au fond de laquelle on introduit des coussinets dans lesquels l'arbre doit tourner; au-dessus des montans, on ajuste une bride de fer ou de cuivre qui sert à contenir les deux collets de l'arbre, à en régler le mouvement et à lui donner de l'uniformité. Au milieu de cette bride, on pratique une tétine dans laquelle passe une vis de pression qui porte sur les collets. (*Voyez* cette roue, *Pl.* II, *fig.* 29.)

CHAPITRE IX.

TOURNER LES MÉTAUX.

SECTION PREMIÈRE.

Manière de tourner le fer et l'acier.

La position des outils pour tourner le fer, n'est nullement celle qu'on leur donne pour tourner le bois. La forme de ces outils est aussi différente ; et sans entrer dans de longs détails à ce sujet, je renverrai à la *Pl.* II. La *fig.* 62 représente et la forme de l'outil et la manière dont il est placé sur le support. La partie coudée sur chaque angle de laquelle on lève avec un ciseau bien trempé, des petites encoches qui servent à fixer l'outil, porte sur le support qui doit être fait en chêne et en bois de bout.

J'ai déjà dit que la gouge, le ciseau plat, le grain d'orge, l'outil de côté et le burin, étaient les seuls outils propres à tourner le fer.

Quand on veut tourner un morceau de fer, on fait parfaitement au centre deux trous de forme conique, et qui même en certaines occasions, par exemple, quand la pièce est forte, doivent être assez profonds pour que l'extrémité des pointes ne porte pas sur le fer même ; on se sert pour faire ces trous d'un outil pointu et conique qu'on nomme *pointeau.* On met la pièce sur le tour, on s'assure si elle est bien droite, et on approche le support le plus près qu'il est possible de l'ouvrage ; on met alors la roue en mouvement, et empoignant le manche du crochet qui sert à dégrossir, ayant la main gauche près du fer, la main droite en haut, et les pouces ouverts et serrés le long du manche; on fait un peu baisser le nez du crochet, et on l'approche assez pour qu'il touche le fer un peu plus haut que le centre. Si on présentait l'outil à la pièce de fer comme on le présente à une pièce de bois, cet outil s'émousserait et reculerait sans entamer la pièce, ou bien l'entamerait trop : c'est même ce qui fait qu'on ne tient jamais la corde trop raide, parce qu'en cas d'engagement, elle pourrait glisser. On tient l'outil bien ferme, en penchant toujours les mains tant soit peu à droite, et remettant l'outil dans sa première position de manière que les vrillons tombent à droite. On continue ainsi jusqu'à ce qu'on ait atteint le rond; en général, l'outil doit décrire une tangente au cercle, et il est nécessaire que les biseaux soient presque perpendiculaires au support, et parallèles à l'endroit que l'on entame. On termine ordinairement l'ouvrage avec un ciseau à face.

La chaleur, occasionée par le frottement de l'outil contre la pièce, ne tarderait pas, surtout quand la pièce se meut avec une certaine vitesse, d'être assez forte pour détremper l'outil. On obvie à cet inconvénient en ralentissant le mouvement, et en mouillant continuellement, ou avec une éponge imbibée d'eau, et disposée de manière à ce qu'elle frotte continuellement sur la pièce, ou mieux encore au moyen d'un vase auquel est adapté un tuyau fort mince, et qui, placé au-dessus de la pièce, laisse tomber continuellement de l'eau goutte à goutte.

Quand l'outil est bon, et présenté un peu au-dessus du centre de la pièce, le fer, s'il est doux, se coupe avec une facilité surprenante.

Si l'on veut rendre le fer ou l'acier plus facile à tourner, on le fait recuire, c'est-à-dire qu'on le met dans un brasier : quand il est exactement rouge dans toutes les parties, on laisse le brasier s'éteindre de lui-même, et le fer se refroidir sans le tirer du feu.

Si l'on avait à tourner une pièce dont le diamètre n'excédât pas sept à huit lignes, au lieu du crochet, il serait plus commode, et en même temps plus facile de se servir du burin et d'employer le tour d'horloger, ou bien un tour ordinaire dont la roue est mue avec le pied. Le burin, comme je l'ai déjà dit, est un outil d'acier bien trempé, de forme triangulaire, carrée ou autre, affûté sur un de ses carrés, et emmanché comme les autres outils. On tourne parfaitement rond avec le burin ; on le présente à la pièce obliquement, par rapport à sa longueur. On en connaît l'avantage surtout en tournant des pièces, sur lesquelles on veut faire des gorges, des rainures. J'ai vu des amateurs qui commencent les pièces au crochet, et qui les terminent au burin. Cette méthode, bien entendue, ne peut qu'être avantageuse.

On tourne l'acier absolument comme le fer ; mais comme il est plus dur, il a aussi besoin d'être mieux recuit.

Ce serait une erreur de croire qu'en tournant le fer il soit avantageux de donner beaucoup de vitesse à la pièce. L'expérience a prouvé au contraire qu'avec un mouvement uniforme et lent, l'outil entame beaucoup mieux la matière ; aussi ne met-on jamais la corde sur la grande roue.

Pour travailler le fer, il faut nécessairement un tour très-solide ; on sent aussi que le support et les poupées doivent être proportionnées à la pièce qu'on tourne.

Manière de polir le fer.

Le fer n'est pas une matière difficile à polir. Quand la pièce a été tournée, s'il y reste quelques rayures, on les fait disparaître avec un morceau de pierre du Levant, trempée dans l'huile. Ensuite pour donner un poli brillant, on prend de vieux linge, qu'on imbibe d'huile; on met dessus de l'émeri, et saisissant avec ce linge le fer pendant qu'il tourne, on continue à le frotter jusqu'à ce qu'on ait obtenu le poli qu'on désire. L'acier ne se polit qu'après avoir été trempé. Il est une autre méthode plus longue, et dont l'effet n'est pas plus avantageux: c'est de se servir d'abord de limes bâtardes un peu usées sur lesquelles on met quelques gouttes d'huile, ensuite de limes douces aussi avec de l'huile, et enfin d'une planchette de bois tendre, imbibée d'huile et couverte d'émeri; on promène, la lime, puis la planchette sur les parties droites en long. en croisant toujours les traits. Quand on s'aperçoit que le poli est beau, on essuie la pièce avec des chiffons, et toujours pendant qu'elle tourne entre les pointes.

Manière de tourner le cuivre.

Le cuivre est plus facile à tourner que le fer. Les copeaux qu'on enlève en le tournant ne

forment pas des rubans comme ceux du fer;
mais ils sautent par petits morceaux absolument
séparés les uns des autres. Ces copeaux sont
susceptibles d'acquérir par le frottement un degré de chaleur suffisant pour brûler la peau, et
comme on ne mouille pas le cuivre en le tournant pour le rafraîchir, on est obligé de prendre
des gants, et même parfois de se mettre sur la
figure une espèce de masque, autrement on
courrait risque de perdre les yeux.

Les outils dont on se sert pour tourner le
cuivre n'ont pas le même tranchant que les autres; on se contente de les affûter carrément
par l'extrémité; ce ne sont, à proprement parler, que des lames d'acier un peu fortes et bien
trempées.

On ne prend la pièce de cuivre ni sur le milieu, ni au-dessus, mais bien au-dessous du
diamètre, et pour cela il faut baisser la cale du
support. Un outil à biseau présenterait l'inconvénient presque certain de brouter, et on sait
que dès qu'un outil a commencé à produire cet
effet, il n'est aucun moyen de l'arrêter. Cependant on peut réparer le mal et faire disparaître
les ondes provenant du broutement de l'outil;
il suffit pour cela d'éloigner un peu le support,
et de tenir l'outil de long et bien au-dessous du
diamètre. Un grain d'orge présenté de côté sur
le plan de l'ouvrage, peut encore produire le
même effet.

Si parfois on a besoin de creuser sur le tour
une pièce de cuivre, on peut se servir, surtout
pour commencer le trou, d'un outil qu'on fait
facilement soi-même. On prend un morceau
d'acier de forme cylindrique, et d'une grosseur
proportionnée au trou qu'on veut faire; on l'a-
platit par le bout, auquel on conserve cepen-

dant une certaine force, et on forme sur les
deux côtés deux biseaux à contre-sens, de manière que l'outil représente par le bout une
olive dans sa coupe : on le trempe au rouge cerise, et on le remet jaune paille ; on l'emmanche
solidement en langue de carpe, et ainsi fabri-
qué, il est très-commode pour faire des trous
dans le cuivre.

On ne tourne à la roue à bras que les pièces
fortes, ou d'un grand diamètre ; car toutes les
autres se tournent avec le pied ; cette méthode
est la plus commode, surtout quand on veut
faire des moulures un peu propres.

SECTION IV.

Quelques observations sur l'ivoire, l'écaille, l'os,
la corne et la manière de les tourner.

J'ai déjà parlé ailleurs de ces différentes matières ; je me bornerai donc à dire que l'ivoire
se tourne de la même manière, et avec les mêmes outils que le bois, mais bien plus facilement :
seulement il faut avoir soin de tenir l'outil bien
fermement. La matière étant plus compacte et
plus dure, on peut lui donner des formes beaucoup plus délicates ; l'ivoire se polit sans peine,
et reçoit, sans s'égrener, des pas de vis très-
fins ; enfin on en fait des bonbonnières, des
tabatières, des encriers, des manches de couteaux, des lorgnettes, et une infinité d'autres
ouvrages, qui sont toujours précieux. J'ai vu,
à Paris, chez un tablettier, des objets en ivoire,
qui sont de la plus grande beauté ; mais entre
autres, un petit vaisseau, dont toutes les parties,
et les cordages mêmes, sont en ivoire ; cet objet
est un véritable chef-d'œuvre.

On débite l'ivoire avec des scies ordinaires, mais très-flues; seulement pour qu'elles ne s'encrassent pas, on verse de l'eau dessus, de temps en temps. Il faut avoir soin, en débitant l'ivoire, de prendre toujours la pièce sur son fil, et d'éviter les endroits où il se trouve des taches qu'on appelle des fèves.

L'os est plus cassant que l'ivoire, et n'est pas aussi bien veiné; mais il prend un beau poli, jaunit difficilement et se tourne aussi bien que l'ivoire.

On distingue deux sortes d'écailles, la brune et la blonde; la première est beaucoup plus estimée que l'autre, et prend un poli beaucoup plus beau. L'écaille se tourne aussi très-facilement. J'ai donné ailleurs la manière de la polir.

On tourne aussi la corne : elle prend bien le pas de vis; les objets faits en corne sont ordinairement de peu de valeur.

Tous les objets en ivoire se tournant absolument comme ceux en bois, j'ai regardé comme inutile de dire comment on tournait une lorgnette, un manche de cachet, une bouteille à sandaraque; il suffit de voir ces différentes pièces pour les imiter quand on a un peu d'usage du tour.

J'observerai, en terminant, que l'ivoire vieux, celui par exemple qui a servi pour des billes, des dames de trictrac, etc., est préférable à l'ivoire neuf et jaune; la raison en est bien simple : plus il est vieux, plus il est sec, et moins par conséquent on doit craindre que les pièces auxquelles il doit servir ne se déforment. Avant de débiter l'ivoire de cette espèce, il faut avoir soin d'en enlever avec la lime, ou autrement, la partie jaune qui le recouvre, et qui s'étend rarement au-delà d'une ligne d'épaisseur.

SECTION V.

Manière de tourner le marbre et l'albâtre.

On est tout étonné quand on entend parler du marbre ou de l'albâtre tourné; il est cependant vrai que ces deux matières se tournent presque aussi facilement que le bois, et avec les mêmes outils. Je ne parlerai pas des différentes espèces de marbre ou d'albâtre; je me bornerai à dire que l'albâtre de Florence, plus blanc que les autres, est par cela même plus estimé.

Quand on veut tourner un morceau d'albâtre, on le débite avec une scie ordinaire, et on le met dans un mandrin sur le tour en l'air, car il se mandrine facilement; mais on ne peut le mettre sur le tour à pointes qu'avec des précautions particulières, et il est aisé d'en voir la cause. Les trous dans lesquels entrent les pointes s'agrandissant par le frottement, on est continuellement obligé de resserrer la vis, ce qui nuit à la régularité de la pièce. Si cependant on veut se servir du tour à pointes, on adapte sur le bout de la pièce un gobelet en bois, au centre duquel on place la pointe. L'albâtre et le marbre se coupent, au reste, comme l'ivoire et le bois, avec la gouge et le ciseau.

L'albâtre a encore l'avantage de prendre parfaitement le pas de vis, ce qui donne la facilité d'assembler avec toute la propreté possible un vase ou toutes autres pièces qui se composent nécessairement de plusieurs morceaux; l'albâtre se polit aussi très-facilement; on se sert pour cet effet d'abord de la poussière que produit le sciage, mêlée à égale portion avec du tripoli ; on délaie ces deux substances dans l'eau, et on frotte la pièce avec un morceau de linge doux. On la laisse sécher, et on enlève la poussière avec une brosse douce ; on la frotte ensuite avec une composition de soufre et de potée d'étain, dont on fait une pâte un peu molle.

Un désagrément qu'il est impossible d'éviter en tournant l'albâtre, c'est d'être couvert d'une poussière qui entre dans le nez et dans la gorge, et qui pourrait même devenir nuisible à la santé.

Comme je l'ai déjà dit, l'albâtre et le marbre s'ébauchent et se tournent comme le bois, et peuvent être travaillés avec la râpe et la lime. Cependant le marbre, étant plus dur que l'albâtre, est aussi un peu plus difficile à tourner. Au reste, ces deux matières font des pièces très-belles et très-agréables ; il est peu de personnes qui n'aient vu des vases, des colonnes de pendules et autres objets de ce genre produisant un très-bel effet.

SECTION VI.

Tour à graver le verre et manière de s'en servir.

Les pièces en verre gravé qu'on voit exposées dans un grand nombre de riches magasins, à Paris, prouvent que cet art a, comme tant d'autres, été porté au plus haut degré de perfection. On connaît depuis long-temps la manière de graver le verre, mais les procédés employés depuis quelques années sont absolument nouveaux.

Un tour à graver le verre se compose 1° d'un établi de forme ordinaire soutenu par quatre pieds réunis deux à deux par des traverses : ces traverses sont placées dans le sens de la largeur de l'établi, et à peu près à la moitié de la hauteur des pieds; 2° d'un arbre coudé roulant sur deux paillets de métal fixés sur les deux traverses; 3° d'une roue de volée sur laquelle passe la corde sans fin; 4° d'une pédale à cabriolet au moyen de laquelle on met la machine en mouvement; 5° d'un piédestal placé sur l'établi et correspondant à la roue de volée : ce piédestal est surmonté d'un pied-douche ayant un trou vertical dans lequel passe un boulon de fer destiné à fixer le demi-cercle qui porte les deux poupées; ce boulon est retenu en dessous de l'établi par un écrou; 6° de deux poupées ayant à l'intérieur des ouvertures où sont placés les coussinets sur lesquels l'arbre roule; pour que l'arbre ne puisse se mouvoir dans le sens de sa longueur, on pratique deux petites embases qui appuient contre les poupées en dedans du demi-cercle; 7° d'une poulie sur laquelle est portée la corde sans fin. Cette corde passe sur le devant et sur le derrière de l'établi, et va embrasser la roue de volée. Pour donner plus d'élégance au tour, on renferme toutes ces parties dans une sphère de cuivre; cette sphère est composée de deux pièces placées à la hauteur du centre de l'arbre et assemblées à drageoir.

La queue en plomb de la tige de fer qui porte une petite meule de cuivre rouge est fixée dans un trou conique pratiqué à la partie de l'arbre excédant la sphère vers la droite; ce trou ne doit pas aller au-delà des deux tiers de la grosseur de l'arbre, et pour qu'on puisse changer facilement la petite meule, on pratique une mortaise au moyen de laquelle on repousse la tige à volonté.

Pour entretenir constamment l'humidité sur les petites meules, on place au-dessus de la sphère, un vase d'où l'eau découle insensiblement par un petit trou dans lequel entre une tige de fer; à l'extrémité de cette tige, on pratique une mortaise dans laquelle on ajuste une petite pince servant à tenir un morceau de cuir; ce cuir étant continuellement mouillé, et portant sur la meule, y conserve d'une manière égale l'émeri dont elle est enduite.

La manière de tourner le verre ne ressemble en rien à celle de tourner le bois ou les métaux, puisque dans l'une, c'est-à-dire pour tourner le verre, l'instrument est placé au bout de l'arbre et tourne avec lui, tandis que pour tourner le bois, l'outil est dirigé par l'ouvrier.

Pour graver sur le verre, on commence par enduire une petite meule d'émeri délayé, et on imprime à cette meule un mouvement de rotation très-rapide; on enduit également de boue d'émeri, la surface du verre qu'on veut tailler, et sur lequel on a dû tracer d'avance l'esquisse du dessin qu'on veut exécuter, ensuite on entame le verre en suivant exactement les traces du dessin; quand le dessin est ébauché, on change la meule et on en prend une autre appropriée au travail; on est obligé d'avoir une infinité de ces meules, de formes et de grandeurs différentes; on continue de la même manière jusqu'à ce que le dessin soit entièrement terminé.

Le frottement des meules entamant le verre, lui enlève nécessairement son brillant et son poli; pour réparer cet inconvénient, quand on ne veut pas conserver le mat, on se sert d'une meule saupoudrée de potée d'étain à sec.

Ordinairement l'ouvrier est assis devant le tour, et pouvant appuyer ses deux coudes sur l'établi, il a la facilité de tenir sa pièce avec les deux mains, et de la présenter à la meule sur toutes les positions nécessaires.

La gravure du verre dépend beaucoup du goût et de l'imagination de l'ouvrier : on peut en dire autant du choix des outils; vous voyez à peine deux artistes employer, et le même outil et la même méthode, pour parvenir au même but; il n'est donc guère possible de donner des règles certaines pour ce genre de travail.

Pour avoir leurs meules sous la main et ne pas être continuellement obligés de chercher, les tourneurs en verre réunissent ordinairement, par ordre, tous ces petits outils sur un plateau qu'on appelle porte-meules, et qu'ils placent près d'eux sur l'établi.

Manière de percer un plateau de verre.

Cette opération peut se faire avec le tour en l'air ordinaire, quand le plateau n'est pas trop grand. On met sur le nez de l'arbre le mandrin qu'on nomme porte-foret, auquel on a adapté, parfaitement au centre, une mèche en cuivre rouge; on place ensuite le plateau en face du mandrin et de manière à ce que le point central de ce même plateau corresponde directement avec la mèche de cuivre; alors on humecte cette mèche avec de l'huile d'olive, on la couvre d'émeri, et on met le tour en mouvement, ayant soin que le plateau porte toujours contre la mèche; par ce moyen le verre se mange insensiblement, et le plateau finit par se percer. Quand on a bien opéré, le trou se trouve en même temps très-rond et très-uni : ce moyen ne pourrait être mis en usage pour un plateau ou un autre objet de grande dimension.

~~~~~~

CHAPITRE X.

QUELQUES NOTIONS SUR L'ACIER ET SUR LA MANIÈRE DE FORGER LES OUTILS.

CONSEILLANT à tous les amateurs de fabriquer leurs outils eux-mêmes, il est à propos, je crois, de donner quelques notions et sur les différens aciers, et sur la manière de forger.

Pendant long-temps le meilleur acier était incontestablement celui qui venait de la Suède, de l'Allemagne et surtout de l'Angleterre; mais depuis quelques années l'acier de France peut soutenir la concurrence avec presque tous les autres, il est donc inutile d'aller chercher chez l'étranger ce que nous trouvons chez nous. Cependant tout le monde ne partageant pas cet avis, chacun peut choisir l'acier qui lui convient le mieux.

SECTION PREMIÈRE.

Forger le fer et l'acier.

Je ne donnerai pas la description d'une forge, tout le monde connaît la manière dont se compose celles dont se servent les serruriers et les maréchaux; je dirai seulement qu'on peut en fabriquer de portatives, et qui sont très-commodes.

Pour forger le fer et l'acier, il faut nécessairement avoir une enclume, des pinces ou tenailles, des marteaux de différentes grosseurs, des tranches pour couper le fer chaud et à froid, et une infinité d'autres outils dont il serait trop long de donner ici le détail.

L'art de forger consiste à donner au fer les différentes formes dont on peut avoir besoin. Quand on veut forger un outil quelconque, on prend donc un morceau de fer proportionné à la forme de cet outil, et en même temps analogue à l'usage auquel est destiné ce même outil. Le fer de Berri, plus doux que tout autre, s'emploie ordinairement pour une pièce qui doit supporter quelques efforts.

On met au feu le morceau de fer dont on veut se servir, on le fait ressuer en le chauffant à blanc, et quand il est étincelant, on le frappe sur l'enclume avec le marteau, à petits coups, mais très-promptement; quand il est devenu couleur cerise, on commence à l'ébaucher, c'est-à-dire à lui donner la forme que doit avoir l'outil.

Quand on veut forger une pièce cylindrique, on commence par la bien ressuer, on lui donne ensuite une forme carrée, puis octogone, et on ne l'arrondit qu'après l'avoir amenée à la grosseur déterminée.

Les pièces qu'on forge doivent parfois recevoir une tête, une embase; alors on fait avec du fer carré une virole dont les deux bouts, quand elle sera placée sur le fer qu'elle doit embrasser, ne se joindront pas, mais laisseront entre eux une petite distance.

Quand la pièce est ainsi préparée on la met au feu, et pendant qu'elle chauffe, on la tourne de temps en temps, et à chaque fois qu'on la tourne, on la saupoudre avec une matière vitrifiable, par exemple avec du grès tendre, pilé, ou une espèce de terre jaune qui se trouve dans plusieurs contrées de la France, et on lui donne le degré de chaleur convenable. Alors on la porte sur l'enclume, on fait joindre les deux bouts de la virole en frappant à droite et à gauche, promptement et à petits coups, et on ne cesse que quand on est assuré que la virole est soudée. Souvent on est obligé de remettre la pièce au feu, et de la frapper de nouveau pour bien souder la virole.

On peut donner, sans employer la virole, une tête, un renflement, à un boulon ou à une autre pièce; il suffit dans ce cas de conserver, à l'un des bouts de la pièce, assez de fer pour former cette tête. Quand le fer est chaud presque à blanc, on introduit la tige dans une cloutière, et plaçant la tige soit entre les mâchoires d'un étau, soit dans un trou pratiqué dans l'enclume, on écrase au marteau la partie excédante, ayant soin de frapper bien d'aplomb pour que la tête ne soit pas de travers.

On est obligé parfois de souder deux morceaux ensemble. Pour y parvenir on fait chauffer les deux extrémités qu'on veut souder, et on écrase les bouts en leur donnant la forme d'un angle très-obtus; avant ce temps-là, on les renfle en les refoulant. (On appelle refouler une pièce, la frapper par le bout *parallèlement* ou bien la laisser tomber perpendiculairement sur une enclume.) Cette première opération terminée, on fait chauffer les mêmes extrémités, et quand elles sont au degré de chaleur convenable, on les retire du feu, on les dégage de l'oxide dont elles sont couvertes en les secouant fortement et promptement, et les appliquant l'une sur l'autre, on frappe vivement et à petits coups jusqu'à ce qu'on soit assuré que ces deux pièces sont soudées. On remet ensuite le fer au feu, et on pare la soudure. Cette manière de réunir deux morceaux de fer, se nomme *souder à chaude portée.*

Précautions indispensables en forgeant l'acier.

Quand on veut forger un outil en acier, on doit connaître l'acier dont on se sert, et déterminer le degré de chaleur d'après la nature de ce même acier, car autrement on perdrait la pièce. On doit donc savoir :

1° Que l'acier d'Allemagne étant parfois pailleux, exige que la partie destinée à faire le tranchant d'un outil soit ressuée avec soin, et que par conséquent la barre dont on se sert, doit être un peu plus forte que l'outil qu'on veut faire.

2°, Que l'acier d'Angleterre qu'on nomme *boursouflé* n'admet qu'un rouge vif, et qu'on doit, en le sortant du feu, le frapper à petits coups, en augmentant les coups d'une manière progressive à mesure qu'il refroidit. Quand on le chauffe pour la dernière fois, on lui donne de la qualité en le forgeant presque noir.

3° Que l'acier fondu ne se chauffe que couleur de cerise, et qu'on le bat le plus froid possible. Cette couleur cerise est tellement importante,

qu'en chauffant la pièce à un degré au-dessus
on la perdrait.

L'acier fondu est le meilleur de tous, et ne se
remplace par aucun autre, surtout pour les outils destinés à tourner les métaux.

Manière de souder le fer avec l'acier.

Il est de certains outils, tels qu'un fermoir, qui
se construisent avec un morceau d'acier recou-
vert sur les deux faces avec du fer, et, par conséquent, il est nécessaire de souder ensemble ces
deux métaux. Pour cet effet.on prend une barre
de fer méplat, on l'étire en la chauffant plusieurs
fois couleur cerise, et on lui donne la moitié de
l'épaisseur qu'elle doit avoir quand l'outil sera
terminé. On la plie en forme de pincette et on
place entre les deux branches de cette pincette
un morceau d'acier de même longueur et du
même calibre, et on rapproche avec le marteau
les deux branches, de manière à ce que l'acier
tienne. On met après cela la pièce au feu, ayant
bien soin, pendant qu'elle chauffe, de la tourner
et retourner souvent ; lorsqu'elle est également
partout d'un rouge blanc, et légèrement étincelant, on la retire, et la portant promptement sur
l'enclume, où la frappe vivement et à petits coups.
Quand toutes les parties sont parfaitement soudées, on remet la pièce au feu, on la fait chauffer
jusqu'à ce qu'elle soit d'un rouge vif, puis on
lui donne, en l'étirant, le calibre qu'elle doit
avoir.

On a besoin aussi quelquefois de souder un
morceau d'acier sur le bout ou sur le côté d'un
outil. Alors on forge le morceau d'acier, que nous

nommons une *mise*, on lui donne la forme nécessaire, et avec un ciseau, on enlève quelques
ergots sur les angles de la face qui doit être soudée, puis on trempe ce morceau d'acier en le
plongeant dans l'eau. On fait chauffer d'un
rouge très-vif, le morceau de fer au bout duquel
doit être soudé l'acier, puis mettant le morceau
d'acier sur l'enclume, les ergots placés en l'air,
on applique sur ce même acier le bout du fer,
et on frappe dessus quelques petits coups de
marteau; pour que les ergots de l'acier entrent
dans le fer, on remet le fer au fourneau tenant
l'acier en dessous, et quand la pièce est suffisamment chaude, on fait la soudure, comme
je l'ai déjà dit. Pour achever la soudure, et
ressuer la pièce, on la remet encore une fois au
feu.

SECTION IV.

Manière de tremper le fer et l'acier.

On trempe le fer et l'acier de plusieurs manières, qui toutes produisent à peu près le même
effet. Suivant la méthode la plus usitée, on fait
rougir à la forge la pièce qu'on veut tremper et
qui doit être entièrement terminée, on la tient
sans la lâcher avec des pinces, et on la chauffe
à petits coups; quelques ouvriers prétendent
qu'en faisant rougir la pièce jusqu'à blanc, on
obtient une meilleure trempe; d'autres au contraire veulent qu'on ne donne à la pièce qu'une
couleur de cerise un peu tendre : je suis de l'avis
des derniers. Quand l'outil a obtenu ce degré de
chaleur, on le retire du feu le plus promptement possible, et on le plonge dans un seau
d'eau fraîche, le conduisant jusqu'au fond, toujours en l'agitant.

Quand les outils sont destinés à tourner du fer ou de l'acier, on leur donne une seconde trempe qu'on nomme le recuit. Pour cet effet, on éclaircit la pièce avec un grès ou autrement, et on la pose sur une plaque épaisse, ou sur une barre de fer qu'on a fait rougir, ayant soin de la retourner de temps en temps, et surtout de ne pas mettre sur le fer rouge le côté du taillant. On laisse l'outil sur le fer chaud, jusqu'à ce qu'il soit d'un jaune paille, et alors on le jette dans l'eau froide. Comme il arrive presque toujours qu'un biseau bien mince contracte des gerçures, je conseille d'après cela à ceux qui feront leurs outils eux-mêmes, de conserver le taillant un peu gros ; on est même assuré, par ce moyen, que le biseau sera beaucoup mieux trempé.

Parfois on ne veut donner à l'outil qu'une trempe légère ; rien n'est plus facile que d'atteindre ce but. Il suffit de dissoudre un peu de savon dans l'eau qui ne doit être que blanchie. Si l'on mettait trop de savon, on s'exposerait à avoir une mauvaise trempe.

Il est un moyen de refroidir l'eau dans laquelle on veut tremper, c'est d'y jeter du sel, ou bien du nitre. L'esprit-de-vin produirait aussi le même effet, mais on a remarqué que les outils trempés dans de l'eau ainsi rafraîchie, étaient sujets à s'égrener. Ce défaut, si c'en est un, car certains ouvriers prétendent qu'un outil qui s'égrène finit presque toujours par devenir bon ; ce défaut, dis-je, se trouve également dans les outils qu'on a fait un peu trop chauffer avant de les tremper.

On peut employer, pour tremper les vis, les petits taraux, et autres pièces de même nature, un moyen qui est aussi prompt que facile. On

pose la pièce sur un morceau de charbon plat,
et avec un chalumeau de cuivre recourbé par
le bout en demi-cercle, on dirige la flamme
d'une lampe qu'on a près de soi, sur la pièce
qui, en très-peu de temps, est suffisamment
rouge; on la jette alors dans un vase plein d'eau
qu'on a eu soin de mettre au-dessous, et il ne
reste plus qu'à la faire revenir. Au lieu de
mettre la pièce dans l'eau on peut la tremper
en la saisissant quand elle est rouge, avec une
pince, et en l'agitant vivement dans l'air. Cette
méthode est employée particulièrement par les
horlogers.

SECTION V.

De la trempe en paquet.

On prend, ou l'on fait soi-même une boîte de
tôle assez grande pour contenir tous les objets
qu'on veut tremper ensemble; on met au fond
de cette boîte un lit de suie de cheminée bien
calcinée, d'autres délaient la suie avec de l'urine
et en forment une espèce de pâte; j'observe en
passant que plus la suie contient de matières
animales, et meilleure elle est; on fait donc
bien, si cela est possible, de choisir la suie sortant de la cheminée d'une grande cuisine; on
arrange les pièces sur ce lit, de manière à ce
qu'elles ne se touchent pas, et on les recouvre
avec de la suie, ayant soin de remplir les intervalles qui se trouvent entre les pièces; on ajoute
ensuite un lit de pièces, puis un lit de suie, et
ainsi de suite, jusqu'à ce que la boîte soit pleine.
Quelques personnes frottent les pièces avec de
l'ail, et les saupoudrent de sel ammoniac (cette
méthode est mauvaise); d'autres ajoutent de la
râpure de corne, ou de vieux souliers qu'ils font

rôtir et qu'ils coupent à petits morceaux; sans improuver cette méthode, je la regarde comme inutile. Je n'en dirai pas de même des os calcinés et réduits en poussière, qui produisent un très-bon effet. Quand la boîte est pleine, on met le dernier lit de suie délayée ou en poudre; on a soin de ne laisser aucun vide, et on ferme le couvercle qu'on assujettit en le liant avec du fil de fer. Les uns laissent la boîte en cet état, d'autres la lutent avec de la terre grasse et laissent sécher la terre.

On fait ensuite avec des briques, ou dans un coin de cheminée, ou mieux encore dehors à cause de la mauvaise odeur, une espèce de fourneau; on place la boîte au milieu, sur des barres de fer qui forment une grille, et on met de gros charbons tout autour, en dessus et en dessous. On allume le charbon et on a soin d'entretenir constamment une chaleur égale; cette opération peut durer deux ou trois heures, pendant lesquelles la boîte exhale une odeur fort désagréable. Quand la boîte est d'un rouge blanchâtre, on juge qu'il est temps de la retirer du feu, alors on écarte le charbon qui se trouve sur le couvercle, on enlève la boîte avec des pinces, on l'ouvre avec vivacité, on la renverse, et on plonge les pièces dans l'eau avec toute la promptitude possible.

On peut tremper en paquet de plusieurs autres manières, mais celle que je viens de donner est la plus suivie.

SECTION VI.

Manière de forger le cuivre.

On peut considérer le cuivre dans deux états

différens, savoir : quand il a été fondu, et quand il est en lame. Quand le cuivre a été fondu, il est plus ou moins aigre, par conséquent il a besoin d'être recuit. Pour cela, on le met dans un feu modéré qu'on ne souffle pas, et on le laisse ensuite refroidir : on remarque aussi dessus, des inégalités, de la cendre, du sable dont il faut le dégager. Alors, on blanchit la pièce qu'on veut forger, en se servant d'abord d'une lime un peu rude, et ensuite d'une lime bâtarde avec laquelle on croise les traits en les adoucissant. Cette première opération terminée, on prend un marteau qui ne soit ni trop fort ni trop faible, et qui par conséquent peut peser de trois à quatre livres, et on forge le morceau de cuivre à froid. On doit commencer par le centre de la pièce et aller toujours en écartant vers la circonférence, non pas d'un point à un autre, mais en tournant ; on doit aussi faire en sorte que les coups de marteau soient bien égaux. Si c'est une plaque qu'on travaille, on la forge des deux côtés de la même manière.

Le cuivre en planche ne demande pas toutes ces précautions, et on peut le forger sans le mettre au feu et sans le blanchir.

Quand on veut faire un ressort d'une ligne d'épaisseur, on prend une lame qui en a deux, et qui doit être plus grande que la pièce qu'on veut forger ne le sera quand on l'aura terminée. Pour que le cuivre ne se fende pas sur les bouts, on commence par frapper à petits coups, et on finit par appuyer fortement le marteau, en donnant des coups bien égaux sur toutes les parties de la pièce. Il arrive presque toujours que la pièce se fend dans plusieurs endroits, mais comme elle est beaucoup plus grande qu'il ne faut, on est toujours assuré de trouver assez de matière saine pour la pièce qu'on a le dessein de faire. Cependant quand on s'aperçoit que la lame se fend, on doit cesser de frapper sur la partie fendue, autrement on courrait le risque de trop prolonger la fente.

SECTION VII.

Manière de souder le cuivre.

On peut souder du cuivre sur du cuivre, ou sur d'autres métaux ; mais on suit pour tous les cas absolument la même méthode, seulement on peut employer telle soudure préférablement à telle autre. On soude le cuivre avec de l'étain ou du zinc, ou de la soudure d'argent.

Pour souder à l'étain, on commence par aviver avec une lime bâtarde la partie qui doit être soudée, et on a bien soin de n'y pas toucher avec les doigts ; on frotte cette même partie avec un peu de sel ammoniac mouillé, on met l'une sur l'autre les deux parties et on les attache solidement ; tout près de la jointure on met de petits morceaux d'étain froid, qu'on saupoudre avec un peu de poix résine en poudre ; on chauffe médiocrement la pièce, et bientôt on voit l'étain fondre et s'insinuer dans la jointure. Quand on s'est assuré que la soudure a bien pris partout, on laisse refroidir la pièce, et on enlève après cela, avec la lime, les bavures qui peuvent être restées sur les bords, ou sur la surface de la pièce.

Parmi les ouvriers, les uns préfèrent la soudure au zinc, et les autres celle à l'argent ; les partisans de la première prétendent qu'elle est plus forte, et qu'elle ne laisse pas, comme celle à l'argent, une ligne blanche sur le cuivre ; les amateurs de la soudure à l'argent disent qu'elle coule plus facilement que l'autre, et que ne demandant pas à être autant chauffée, elle n'expose pas au danger de fondre la pièce ; ils ajoutent qu'on peut souder à différentes reprises sans craindre que la pièce se dessoude, parce qu'il y a des soudures de différens degrés, et que d'ailleurs le zinc laisse aussi une trace moins jaune que le cuivre. Sans rien prononcer à cet égard, j'affirmerai qu'avec la soudure à l'argent on peut souder une pièce de manière à ce que, quand elle est bien ajustée, le joint est presque imperceptible. Pour la soudure au zinc et à l'argent, on opère comme pour celle à l'étain, mais il faut beaucoup plus chauffer la pièce.

Quand la soudure a bien pris partout, on la met dérocher dans de l'eau seconde, et après quelques instans, on la retire, on l'essuie bien, et on fait disparaître les bavures.

Il est une manière bien facile et bien simple pour souder les petites pièces, comme des viroles et autres objets du même genre. On râpe de l'étain avec une lime, on mêle cette limaille avec un peu de sel ammoniac, et on délaie le tout dans de l'huile, n'importe de quelle espèce ; on enduit avec cette composition les deux parties qui doivent être soudées l'une sur l'autre, on les lie avec du fil de fer et on les met sur du charbon ; aussitôt que le feu a pris à la soudure, ce qui se manifeste par de la flamme, on retire la pièce, et on la plonge dans de l'eau qu'on doit avoir mise près de soi. Cette soudure tient parfaitement.

SECTION VIII.

Manière de fondre et de mouler les métaux.

Je ne donnerai point ici la méthode suivie pour construire les fourneaux dont se servent les fondeurs en cuivre, je me bornerai à indiquer aux amateurs une matière facile et en même temps certaine, pour fondre les petites pièces qui peuvent leur être nécessaires.

Au lieu de fourneau, on peut se servir de la forge ordinaire disposée de la manière suivante : on place une brique sur le cendrier, vis-à-vis de la tuyère du soufflet et à peu près à un pouce du dossier ; on place sur cette brique le creuset qu'on entoure de charbon, et pour contenir ce charbon, on se sert d'une bande de fer courbée en demi-cercle, et de la même hauteur que le creuset même.

Avant de mettre la matière dans le creuset, on le chauffe à vide, et quand on est assuré qu'il résistera à l'action du feu sans se fendre, on le remplit jusqu'aux deux tiers à peu près de sa hauteur, du métal qu'on veut fondre, et qui doit être cassé en morceaux ; on chauffe alors sans discontinuer en animant le feu avec le soufflet. Quand la matière mise dans le fourneau est fondue, on en met d'autre qu'on doit avoir eu soin de tenir chaude, et on continue l'opération de la même manière jusqu'à ce que le creuset soit entièrement plein ; il est tellement important de tenir chaud le métal qu'on ajoute à celui déjà fondu, que sans cette précaution on s'exposerait à faire fendre le creuset.

Quand la matière est fondue et le creuset plein, on s'occupe de purger le métal des corps étrangers qui pourraient s'y rencontrer : pour cet effet, on jette dans le creuset une pincée de verre pilé, on remue le tout avec un fer chaud, et avec une écumoire on enlève la matière hétérogène qui ordinairement monte à la surface, et y forme une couche vitreuse ; on saisit ensuite le creuset avec des tenailles courbes faites exprès, et on verse le cuivre ainsi purifié, dans les moules qu'on a dû préparer d'avance, de la manière suivante.

On tamise du sable, et après l'avoir légèrement mouillé, on le manie jusqu'à ce qu'il soit également humide partout ; pour rendre cette opération plus facile on se sert d'un rouleau de bois.

On fait ensuite deux châssis de bois de chêne, c'est-à-dire un bâtis carré, composé de quatre morceaux assemblés à tenons et à mortaises ; ces deux châssis se placent l'un sur l'autre, et sont fixés au moyen de deux ou de quatre chevilles qui tiennent à l'un des châssis sans y être enfoncées à force. On donne à ces châssis assez de grandeur et d'épaisseur pour contenir la pièce qu'on veut couler.

Quand les châssis sont faits, on met sur un établi celui qui n'a pas de chevilles, on le remplit de sable qu'on nomme de fondeur, et sur ce sable, qu'on a eu soin de battre, on place la pièce qu'on veut mouler et qui y fait nécessairement son creux ; quand cette pièce est convenablement placée, on applique dessus le second châssis, et on le fixe au moyen des chevilles dont j'ai parlé ; on remplit ce second châssis de sable, et on bat ce sable jusqu'à ce qu'il soit bien comprimé. On enlève ensuite tout ce qui excède la surface du châssis, sans cependant laisser de vide; on couvre cette surface avec une planche et on retourne le moule; on enlève le premier châssis, on en ôte tout le sable, on nettoie bien la surface du premier moule, on y fait de nouveaux repères en creux, placés de manière à ce qu'ils ne puissent nuire ni au jet ni aux évents, on noircit toute la surface avec de la poudre de charbon, et après avoir nettoyé le moule en soufflant un peu de loin avec un soufflet, on remet le premier châssis à sa place, on le remplit de nouveau de sable, et on le bat avec le même soin que la première fois; quand cette seconde moitié est achevée, on sépare les deux châssis et on retire, de celui qui se trouve au-dessus, la pièce qui a servi à faire le moule. On doit prendre des précautions telles que la pièce quitte sans écorcher les contours du vide qu'elle va laisser; si, quelque soin qu'on ait pu prendre, le moule était endommagé, même légèrement, il faudrait absolument réparer le mal avant de couler la pièce.

On forme ensuite une gouttière qui doit prendre depuis le creux, et se prolonger jusqu'au haut du moule; à l'endroit où la gouttière se termine, le bois doit être un peu évasé à chaque châssis, puisque c'est par là que la matière doit couler dans le moule. On se sert assez communément pour faire cette gouttière, d'une lame de fer détrempée, ayant par le bout la forme d'un O mal formé.

Quand la pièce est ôtée des châssis, et que le moule est fait, il faut avoir grand soin de placer ces châssis dans un endroit où ils ne puissent être atteints par quoi que ce soit. Il faut aussi les placer et les déplacer avec beaucoup de ménagement, car le plus petit choc détruirait le moule.

On doit bien se garder de couler la pièce avant que le moule soit parfaitement sec, car autrement elle serait remplie de défauts, si même elle n'était totalement manquée ; il faut donc faire sécher les moules appuyés l'un sur l'autre, et les retourner de temps en temps d'un côté sur l'autre.

Il est une précaution qu'on ne doit pas oublier, si l'on veut que la pièce vienne nette et sans défauts, c'est de faire à quelque distance du jet, un canal placé sur le point le plus élevé, qui se prolonge jusqu'au haut, et qui serve d'évent ; on peut même faire plusieurs canaux de la même espèce quand on prévoit que l'endroit où est pratiqué le premier doit être rempli avant que tout le creux le soit. J'observe seulement que tous ces canaux doivent être fort petits : par ce moyen on est à peu près assuré de ne trouver dans les pièces moulées, ni vents ni soufflures, c'est-à-dire aucune cavité.

Quand tout est ainsi disposé, et que la matière est fondue, avant de couler, on délaie dans de l'eau de la cendre tamisée très-fine, et on en passe un peu sur les moules ; après cela, on replace les deux châssis l'un sur l'autre, on les fixe n'importe de quelle manière, pourvu qu'ils ne puissent se déranger de place, et on verse la matière fondue de la manière que j'ai dit plus haut : cette méthode se nomme communément *jeter en sable.*

Une précaution dont j'ai omis de parler, c'est de donner au moule assez d'épaisseur pour qu'il ne crève pas au moment où l'on coule.

Quand la pièce est coulée, il faut la laisser refroidir dans le moule, car elle casserait très-facilement si on la retirait pendant qu'elle est encore chaude.

Tout le monde connaît la manière de fondre l'étain et le plomb ; je me bornerai donc à dire qu'il ne faut donner à ces deux métaux que la chaleur suffisante, parce qu'autrement ils s'oxident plus ou moins. Voici au reste des remarques qui peuvent servir de règle dans tous les cas.

Quand l'étain et le plomb ne sont chauffés qu'au degré suffisant, la crasse qui se forme à la surface est blanche. Cette crasse devient successivement jaune et ensuite rouge, quand la chaleur est portée plus loin. Pour empêcher que ces métaux ne s'oxident trop alors, il suffit de jeter dessus du poussier de charbon, ou bien un peu de suif ou de tout autre corps gras.

On fond les tuyaux et toutes les pièces qui doivent venir creuses de la même manière que celles dont je viens de parler, mais on a besoin de prendre des précautions particulières : il faut, surtout si l'on ne veut pas gâter beaucoup d'outils, enlever bien exactement le sable qui reste sur la surface, soit intérieure soit extérieure de la pièce : on se sert ordinairement pour cette opération, ou de la lame d'une épée, ou d'un outil pointu et tranchant.

Je n'insiste pas beaucoup sur la manière de fondre les pièces creuses, parce que, d'après l'avis de tous ceux qui travaillent le cuivre surtout, il vaut beaucoup mieux fondre les pièces massives et les forer ensuite au tour.

Quand on veut que la pièce sorte du moule bien nette, on ne se sert pas du sable, qui laisse toujours à l'extérieur quelques aspérités, mais on emploie le tripoli mis en poudre et tamisé bien fin. Cependant cette matière ne s'emploie

guère que pour de petits objets, dont les ornemens sout très-fins, et ont peu de saillie.

On se sert encore, pour les petits objets, des
os d'un petit poisson de mer qu'on nomme *la
sèche*, et dont, en général, se servent aussi les
orfèvres pour couler des petits objets en argent;
la pièce s'y imprime parfaitement bien.

On ne doit pas perdre de vue que le sable de
fondeur n'est pas celui qui se trouve sur le bord
des rivières. A Paris on le tire de Fontenay-aux-
Roses, il est de couleur jaune, gras au toucher,
et se lie très-bien.

CHAPITRE XI.

DES MOULURES,

LES moulures sont le principal ornement des
ouvrages faits au tour; on peut les varier à l'infini, mais cependant il faut le faire avec dis-
cernement; car il est, pour des moulures, des
règles fixes dont on ne peut s'écarter sans s'exposer à produire des effets désagréables et même
choquans. On sent combien il serait ridicule de
placer une figure extrêmement petite immédiatement après une figure massive, ou de ne
mettre sur une pièce, pour tout ornement, que
des moulures de la même espèce. Il serait difficile de donner des règles positives sur la manière de varier les moulures; je conseille à ceux
qui veulent s'occuper du tour, de consulter les
beaux modèles d'architecture; c'est là où ils
pourront puiser le goût qui doit les diriger dans

le choix et l'arrangement des ornemens dont il est ici question.

Les bornes de mon ouvrage ne me permettant pas de donner de grands développemens à ce qui est relatif aux moulures, je me contenterai de les désigner.

On distingue communément deux sortes de moulures, les grandes et les petites. Les grandes sont : les plinthes, les grands quarts de rond, les cavets, les doucines, qui sont de deux espèces, savoir : les doucines droites et les doucines renversées, les tores, les scoties et les grandes gorges.

Parmi les petites, on compte les listels, les facettes, les filets ou carrés, les astragales, les baguettes, les petits talons, les petites gorges, et les grains d'orge ou dégagemens. Il en est encore plusieurs autres, mais qui sont d'un usage moins fréquent.

L'amateur, avant de tourner sa pièce a dû en former le plan ; il commence par ébaucher son bois, et ensuite il trace au crayon les moulures qu'il veut former, observant exactement les distances qui doivent exister entre elles. Quand ces dimensions sont prises, il marque, avec l'angle supérieur d'un ciseau, toutes les lignes qu'il a tracées au crayon. Quand on travaille sur du bois indigène, ou peu précieux et peu dur, on se sert, pour creuser les gorges et les espaces qui se trouvent entre elles, de gouges plus ou moins grosses ; et pour contourner les filets et les baguettes, pour évider les gorges, pour planer les formes larges, de fermoirs de différens calibres. On emploie, au contraire, le ciseau rond, le grain d'orge, les bédanes, quand on tourne de l'ivoire, de l'écaille ou des bois très-durs.

Les moulures produisent communément un bon effet ; cependant il ne faut pas trop les multiplier. Il est certaines pièces dont trop de moulures détruiraient tout l'agrément.

Des molettes et gaudrons.

On nomme molettes de petits cylindres en acier, sur lesquels on a gravé des enjolivemens tels que des gaudrons, des perles, des épis, des guirlandes, etc. ; enjolivemens qui sont destinés à être imprimés sur des baguettes, des filets, des gorges, et autres parties de moulures. Ces molettes, qui sont percées dans leur centre, se montent sur un outil fendu, formant deux mâchoires ; elles tournent entre les mâchoires au moyen d'une clavette ronde qui les traverse, ainsi que la première mâchoire. Cette clavette est à tête fendue ; on a soin de la tenir bien ronde et bien jointe au trou de la molette ; elle est taraudée par le bout, et elle se visse dans la seconde mâchoire, ce qui fait qu'on peut l'ôter et la remettre, et changer la molette à volonté. Cet outil, qui est emmanché comme les autres, porte un talon qu'on appuie contre le support, en dedans ; le travail offrant plus ou moins de difficultés, suivant la nature de la matière et la figure qu'on veut former, il est nécessaire d'appuyer l'outil plus ou moins ; alors il suffit d'élever ou d'abaisser le manche, car, placé comme je l'ai dit, l'outil est un véritable levier, auquel le support sert de point d'appui. Les molettes peuvent être gravées en creux ou en relief ; dans le premier cas, elles servent à imprimer sur une baguette ou sur un filet; et dans le second, on s'en sert pour les figures qu'on veut imprimer dans des gorges. Pour s'assurer si une molette est bien gravée, on l'essaie ordinairement sur des lames d'étain ou du plomb.

On ne peut guère imprimer sur le bois que des dessins simples, car l'effet de la molette consiste uniquement à déplacer, en quelque sorte, la matière; et on sent qu'il est difficile d'opérer ce déplacement sur le bois. Il n'en est pas de même des métaux ductiles, tels que l'étain, l'argent, le cuivre; ils sont susceptibles de recevoir des figures de toute espèce.

Pour imprimer une corde rampante, qui orne très-bien des têtes de vis, des écrous, des cordons, on approche le support du tour, très-près de l'ouvrage; on présente l'outil à face, on appuie un peu fort, et on fait tourner la pièce avec rapidité. Il faut avoir soin de mettre de l'huile aux deux côtés de la molette; mais on peut, pour imprimer la figure, tourner indistinctement en tout sens.

On sent que plus il y a de matière à déplacer, plus il faut appuyer l'outil fortement, c'est ce qui arrive quand les perles sont un peu grosses.

Au reste, les molettes sont, dans une infinité de circonstances, d'un très-bel effet, et on ne peut blâmer ceux qui, souvent, les emploient à propos. (Voyez *Pl.* II, *fig.* 1, 14 et 21.)

SECTION II.

Manière simple de monter une roue entre deux pointes, sur un arbre auquel il n'est pas nécessaire de faire un coude ou une manivelle.

L'arbre destiné à monter la roue d'après ce principe, est formé d'un cylindre de fer portant un renflement ou embase dans son milieu, et terminé en pointes par ses extrémités. La roue est appuyée d'un côté contre l'embase, et retenue en place par un écrou ou une clavette ; sur l'autre joue de l'embase, est appliquée une poulie percée dans son rayon d'une fente ou mortaise de quelques pouces de longueur ; cette roue est également fixée à sa place par un écrou ou une clavette. La fente pratiquée dans son rayon permet de lui donner, par rapport à l'arbre qui la porte, l'excentricité dont on a besoin pour donner l'impulsion au tour. Cette poulie qui, comme l'on voit, est susceptible de s'excentrer à volonté, doit porter une cannelure sur sa circonférence. Sur le bras de la pédale du tour, on place une poulie correspondante et du même diamètre que la première, mais qui tourne bien centrée sur son axe ; cette poulie doit également porter une gorge destinée à recevoir une corde sans fin, qui embrasse les deux poulies, en laissant entre elles la distance commandée par l'écartement qui se trouve entre la pédale et la roue du tour.

La poulie fixe, placée excentriquement sur l'arbre de la roue, remplace la manivelle avec beaucoup d'avantage, car le frottement ordinaire est réduit, par cet appareil, à celui du tourillon de la poulie inférieure. La facilité d'excentrer plus ou moins une des poulies, au moyen de la mortaise qui est pratiquée dans son rayon, donne la possibilité d'augmenter la force d'impulsion, ce qui ne peut pas s'obtenir avec un arbre coudé, pris entre deux pointes, et remplace dans les roues où le point de tirage de la pédale est susceptible de s'écarter ou de se rapprocher du centre, l'augmentation ou la diminution de levier qui fait toute la force de l'artiste.

En effet, lorsque la poulie est à son maximum d'excentricité, elle présente également son maximum de levier. Le levier se raccourcit à mesure que la poulie perd de son excentricité, ainsi l'on voit que l'on peut régler à volonté, le levier dont on a besoin pour triompher de la résistance, en arrêtant à l'aide de l'écrou ou de la clavette, la poulie sur son arbre, au point d'excentricité qu'on aura jugé convenable.

Il est bon que les pointes de l'arbre en fer soient aciérées et trempées; on peut, avec avantage, les faire tourner dans des crapaudines faites en corne ou en bois de gaïac; le frottement sur la corne est extrêmement doux, et prévient tout à la fois l'usure de la pointe et de la crapaudine. On pourrait faire les crapaudines en fer, mais le frottement serait plus dur et l'usure plus prompte.

On fait bien de former l'une des crapaudines par une vis creusée dans son extrémité, et dans laquelle on a enfoncé, à force, un petit tampon de corne; par ce moyen on peut, en serrant la vis, diminuer la distance entre les deux crapaudines, et compenser le jeu que l'arbre pourrait prendre à la longue par l'usure.

Manière de faire des vis avec le tour en l'air, mu par la roue, en se servant de la corde sans fin.

Cette méthode est bien plus simple et bien plus commode que celle dont on trouvera la description dans ce vol., sect. 28, puisqu'en la suivant on opère sans rien déranger, et avec la corde sans fin elle-même ; mais aussi elle demande beaucoup de précision et beaucoup d'habitude, c'est pourquoi je conseillerai à ceux qui voudraient l'adopter, de s'essayer souvent sur du bois commun, avant de s'exposer à gâter de l'ivoire ou du bois précieux.

Que la roue soit en-dessus ou en-dessous du tour, peu importe.

Quand on veut faire une vis par cette méthode, on commence par placer la pièce sur le nez de l'arbre, et on s'assure si elle tourne bien droit. On dispose ensuite la roue de manière à ce que la pédale soit levée, et on l'arrête dans cette position ; on lève après cela la clé d'arrêt, et on abat celle qui correspond au pas qu'on veut donner à la vis. Il s'agit ensuite de donner à la roue un mouvement de balancement qu'on obtient en baissant la pédale, et en la faisant relever avant que la roue ait opéré sa révolution entière ; par ce moyen la roue va et revient continuellement sur elle-même. Quand on a régularisé ce mouvement, on opère de la même manière qu'avec l'arc ou la perche ; si par hasard on donnait le coup de pied un peu trop fort, et si la roue faisait un ou deux tours entiers, on aurait soin de retirer le peigne, et de ne l'approcher de la pièce que quand le mouvement de balancement serait rétabli.

J'ai vu M. Séguier faire avec la plus grande promptitude, en suivant cette méthode, des vis et des écrous aussi nets que réguliers.

SECTION IV.

Manière d'équiper une meule qui s'use en restant ronde.

Les amateurs et les artistes ont dû s'apercevoir, sans peut-être en avoir cherché la cause, que leurs meules, en peu de temps, s'ovalisaient et ne tournaient plus rond ; un peu d'observation leur fera voir que l'aplatissement de leur meule correspond au moment où la manivelle, sortant de la ligne perpendiculaire, permet d'appuyer avec plus de force sur la pédale. Quelques ouvriers, pour parer à cet inconvénient, ont eu l'idée de placer, au lieu d'une manivelle, sur l'extrémité de l'arbre qui porte la meule, une poulie de bois percée de plusieurs trous, et de temps en temps ils placent dans un autre trou le crochet de fer qui communique le mouvement de la pédale à la meule ; et, par ce moyen, changeant le rapport de la meule avec la pédale, ils font, en aiguisant, passer sous leur outil les différens points de la circonférence, au moment où leur pied exerce sur la pédale la pression la plus efficace.

Ce qui contribue encore à déformer les meules, c'est l'inégalité de leur mouvement, car la pédale descend sensiblement plus vite qu'elle ne remonte. Pour obvier à ces inconvéniens, il suffit de régulariser le mouvement de la meule à l'aide d'un volant; et l'on arrive à passer successivement les différens points de la meule sans l'outil, au moment où la pédale descend, en transmettant à la meule le mouvement du volant, à l'aide d'une chaîne à la Vaucanson, et de deux pignons ou engrenages, dont l'un a quelques dents plus que l'autre.

Comme pour bien affûter il ne faut pas que la meule aille trop vite, on place l'engrenage le plus nombré sur l'arbre de la meule; l'autre, qui a moins de dents, est fixé sur l'arbre du volant; par ce moyen la vitesse du volant est plus grande que celle de la meule, et la puissance de l'artiste est tout à la fois augmentée par cette même vitesse et par la différence des rayons du pignon.

CHAPITRE XII.

DIFFÉRENS OBJETS QUI SE FONT SUR LE TOUR EN L'AIR.

SECTION PREMIÈRE.

Manière d'incruster des cercles.

Quand on n'a pas de machine excentrique, et qu'on veut, à l'aide d'un tour en l'air simple, rapporter sur une boîte des cercles de différentes couleurs concentriques entre eux, on peut employer la méthode suivante.

On commence par mettre la boîte au rond

sans la terminer entièrement, et on trace au tour, sur le couvercle, au crayon bien fin, un cercle qui doit se trouver à l'écartement du centre que l'on veut donner aux trois ou quatre cercles qu'on est dans l'intention d'incruster. A quelques lignes du bord de la boîte, on divise ce cercle en autant de parties égales, qu'on veut incruster d'autres cercles, et on le creuse avec un porte-foret. L'opération peut se faire sur le tour, surtout si l'on ne veut mettre des cercles que sur le couvercle.

On a dû se précautionner auparavant, d'autant de lames de bois ou d'ivoire, qu'on veut faire de cercles, et ces lames auxquelles on donne ordinairement une ligne d'épaisseur, doivent être de couleurs variées, mais bien assorties. Quand elles sont de bois, on place ces lames sur une planche bien unie, afin qu'elles ne se fendent pas, puis avec une mèche adaptée au porte-foret, et dont les dents à un seul biseau sont affûtées en sens contraire, on enlève de la lame de bois une rondelle qui doit entrer juste dans la rainure dont il va être question.

Avec une autre mèche anglaise, dont les biseaux sont également affûtés en sens contraire, on fait sur la boîte une noyure circulaire. La proportion entre les mèches doit être telle, que la rondelle entre dans la noyure de manière à la remplir exactement, et sans qu'elle excède la surface de la boîte. On colle la rondelle avec de la colle forte, et on laisse sécher.

On opère de la même manière pour les autres cercles, en ayant soin de prendre successivement des mèches dont le diamètre sera moindre d'une ligne environ. Si l'on veut mettre un point au centre du couvercle, on fait un trou avec un

foret à repos et on y introduit une petite cheville.

On peut mettre beaucoup de variété dans la
manière de poser les cercles ; cependant je n'en-
trerai pas dans de plus longs détails, parce qu'il
suffit de connaître une manière pour exécuter
toutes les autres.

Quand au lieu de bois ou d'ivoire, on veut se
servir d'écaille pour les cercles, on peut les
prendre dans une gorge d'étai dont le diamètre
sera le même que celui de la noyure où il doit
être placé, ou même sur une gorge d'un diamètre plus fort, en ayant soin alors de faire
accorder avec beaucoup de justesse les angles
aux reprises. Pour couper ces cercles presque
sans perte, on met sur le mandrin la gorge dans
laquelle on veut prendre les filets, et on la
coupe à la largeur nécessaire avec une lame de
ressort bien mince, saisie entre les deux pièces
d'une espèce de dossier en cuivre dont le tranchant affûté en fer de bédane, n'excède pas le
bout de l'outil.

SECTION II.

Manière de percer des objets très-minces.

Pour percer des tuyaux de pipe en ébène ou
autre bois, et d'autres objets délicats et un peu
longs, on commence par un bout, et on va jusqu'à moitié de la pièce, on retourne ensuite la
pièce et on fait l'autre moitié du trou. Quelque
précaution que l'on prenne, ces trous ne se
rencontrent presque jamais parfaitement bien.
Ce défaut vient assez souvent de ce qu'on ne
tient pas la mèche dans le prolongement de
l'axe, ou bien de ce que la mèche s'emplissant

de copeaux se trouve en peu de temps d'un diamètre un peu plus fort qu'elle n'était en commençant le trou. Le seul moyen de remédier à cet inconvénient est de retirer souvent la mèche pour faire tomber les copeaux, et de la tremper dans la graisse chaque fois qu'on la retire. Le moyen suivant est très-avantageux quand on veut percer un morceau de fer de forme cylindrique. Pour cet effet, on monte sur le cylindre une poulie qui porte la corde à boyau de l'archet (on se sert en ce cas d'un tour d'horloger); on marque les centres du cylindre, et l'on met un de ces centres sur la pointe d'une des broches du tour; ensuite on met la pièce en mouvement avec l'archet, tenant avec une tenaille à boucle, et perpendiculairement à cette tenaille, un foret de grosseur convenable. Il faut avoir soin de retirer souvent le foret du trou et de faire tomber les copeaux. Comme je l'ai dit plus haut, quand le trou est fait à moitié par un bout, on tourne la pièce et on perce par l'autre bout jusqu'à ce que les deux trous se rencontrent. Si, ce qui arrive souvent, les deux trous ne se rapportent pas parfaitement bien, on redresse le défaut avec un écarrissoir.

Quand n'ayant pas de mèches assez fines pour percer un morceau de bois très-menu, on est forcé de se servir d'un foret, on tient ce foret avec une tenaille à boucle, de fort court, parce qu'autrement son élasticité le ferait varier, et le trou ne serait ni droit ni égal. A mesure que le trou s'approfondit, on recule la tenaille, mais insensiblement. Il est encore une précaution essentielle à prendre : c'est de donner à la tête du foret un peu plus de diamètre qu'au reste du corps, afin que les copeaux puissent sortir facilement.

On peut se reporter pour le reste, à la méthode que j'ai donnée pour percer un morceau de bois à la lunette.

Différens jouets d'enfans.

1. Le sabot, la corniche, la toupie, sont des jouets trop connus, et trop faciles à faire, pour que je m'en occupe ici; mais je ne puis m'empêcher de parler de la toupie d'Allemagne et de ce qu'on appelle le jeu du diable.

2. *Toupie d'Allemagne.* — La première qu'on voit (*Pl.* **I**, *fig.* 58), se fait ainsi qu'il suit : on prend un morceau de bois de longueur et de forme convenable; quand il a été ébauché, on le met dans un mandrin, et on le creuse au moyen d'un trou pratiqué sur un point directement opposé au bouton, ou à l'espèce de tétine sur laquelle doit tourner la toupie. On ne doit pas laisser à la pièce, tout autour, plus de deux à trois lignes d'épaisseur. Sur le trou qui a servi à creuser la boule, on adapte une tige longue d'environ deux pouces, plus mince par le haut que par le bas, bien ronde et ayant un renflement, puis une gorge qui doit entrer très-juste dans le trou; au haut de cette tige on fait un petit bouton. Sur le grand diamètre de la boule. on perce un trou, allant de biais, de gauche à droite, et qui ressemble au biseau d'un sifflet.

Pour se servir de ce jouet, on enveloppe la tige avec une ficelle jusqu'au renflement. On passe le bout de la ficelle dans une espèce de manche percé par le bout, qu'on tient de la main gauche. De la main droite, on tire avec force la ficelle, et par ce moyen on imprime le mouvement à la toupie, qui en tournant produit une espèce de mugissement.

5. *Jeu du diable.* — Pour faire le diable, on prend un morceau de bois liant, de deux pouces et demi de diamètre, sur six pouces environ de longueur. On lui donne une forme à peu près cylindrique, et on le place dans un mandrin par un bout. On tourne la partie qui est hors du mandrin en lui donnant la forme d'un cône arrondi par ses angles, Au centre du bout, on perce avec une mèche un trou qui se prolonge jusqu'à cinq ou six lignes du milieu de la longueur totale, on élargit ce trou en donnant à son orifice un diamètre d'environ douze lignes, et on creuse intérieurement la pièce, en lui donnant à l'intérieur la même forme qu'elle a extérieurement. La pièce ainsi creusée, ne doit pas avoir tout autour plus de trois lignes d'épaisseur. On bouche ensuite l'ouverture avec un morceau de bois qu'on fait entrer juste, et qu'on fixe avec de la colle forte. On peut, si l'on veut, former quelques moulures sur ce bouchon.

Quand la première moitié est terminée, on change la pièce de bout, et on travaille la seconde moitié de la même manière que l'autre. On perce ensuite sur le milieu de la hauteur de chaque cône, un trou tel qu'on le voit marqué sur la *fig.* 57, *Pl.* I.

On tourne après cela au tour à pointes deux baguettes d'environ deux pieds. Sur l'un des bouts on pratique une poignée, et sur l'autre on forme une petite gorge sur laquelle on attache la corde qui doit servir à faire mouvoir la pièce principale. (Voyez *Pl.* I. *fig.* 56.)

SECTION IV.

Faire des échecs.

Il est peu de personnes qui ne connaissent le jeu des échecs, et les pièces dont on se sert pour le jouer. Ces pièces sont susceptibles d'être enjolivées de différentes manières, mais je me contenterai de décrire la méthode qu'on peut suivre pour les faire tout unies, en donnant à chacune la forme qui lui convient.

Quelle que soit la matière dont on se serve pour faire des échecs, c'est-à-dire que ce soit du bois ou de l'ivoire, on commence par couper autant de morceaux qu'il y a de pièces à confectionner, en donnant à chaque morceau la longueur et le diamètre convenables à la pièce qu'il doit former. Quand ces morceaux sont ébauchés, on fait des mandrins où les pièces puissent entrer par la partie qui doit former le haut, c'est-à-dire par le petit bout, et on commence par tourner la base ou le pied, dont la surface inférieure doit être un peu concave ; on continue ensuite à tourner les moulures jusqu'à ce que la partie, qui est hors du mandrin, soit entièrement confectionnée. Je n'ai pas besoin de dire que toutes les pièces de la même espèce se travaillent les unes après les autres sur le même mandrin. Quand cette première partie est terminée, on fait un autre mandrin qui est percé jusque sur le nez de l'arbre, et dont l'intérieur est disposé de manière à recevoir la pièce, dont l'angle extérieur doit reposer sur une partie ménagée à l'extrémité du mandrin. Quand la pièce est placée bien droite, on tourne la seconde partie en commençant par la pointe; il ne reste plus ensuite qu'à polir les pièces, et on se sert à cet effet de la prèle et de la ponce à l'eau. Si l'on veut avoir des pièces parfaitement égales, ce qui n'est pas indifférent, surtout quand elles sont d'ivoire, on en forme le profil sur des feuilles de cuivre fort minces, ou bien même sur du carton, et on vérifie les profils à différentes fois, et à mesure que les moulures sont tournées.

Deux rois, deux reines, quatre tours, quatre fous, quatre cavaliers et seize pions, sont toutes les pièces d'un jeu d'échecs; on peut en voir la forme *Pl.* II, *fig.* 44, 45, 46, 47, 48 et 49.

Voici une manière de faire les échecs qui abrège beaucoup le travail, et qui est employée par presque tous les tabletiers. On fait autant de calibres qu'on a de pièces à tourner; sur un côté de chacun de ces calibres qu'on peut faire avec de petites planchettes de bois ou de cuivre ou même avec du carton, on dessine et on découpe la hauteur, et la forme de chaque partie de la pièce qu'on veut tourner. Sur le côté opposé, on enfonce de petits clous qu'on rend pointus à l'extérieur avec une lime, et ces clous sont placés en face de chaque découpure, de manière à en donner exactement la largeur et l'écartement. Pour faire des échecs, on commence donc par tourner autant de cylindres qu'on a de pièces à faire, en ne leur donnant que la longueur nécessaire pour chaque pièce, plus une petite partie qui doit entrer dans le mandrin. Quand le cylindre est emmandriné bien droit, on applique dessus le côté du calibre où sont placées les pointes, et on fait faire un tour à la pièce. Les pointes forment alors des cercles qui désignent exactement la proportion de chaque figure. Il ne reste plus qu'à enlever le bois et à faire les moulures; on a soin de présenter de temps en temps le calibre, afin de s'assurer de la justesse des formes; on obtient ainsi des pièces régulières et parfaitement égales. On doit toujours commencer par la tête, et avoir soin de faire la base un peu concave, afin que la pièce se tienne plus solidement. Cette méthode peut être adoptée avantageusement pour faire des coquetiers et des vases, même de petites colonnes.

SECTION V.

Manière de faire des moules à bourses.

On prend un morceau de buis ou de bois des îles, de grosseur et de longueur suffisantes, on lui donne une forme cylindrique, et on le perce dans toute sa longueur; on ôte ensuite du bois de manière à ne laisser aux parois que l'épaisseur d'environ deux lignes. Ce cylindre doit être bordé par le haut, sur son évasement, d'une rangée de quarante-huit dents qui servent à former les mailles. Pour faire ces dents, on commence par en déterminer la longueur en traçant au crayon une ligne circulaire; on en fixe ensuite la largeur en tirant des lignes droites partant de l'extrémité basse, et venant aboutir à la ligne circulaire. On prend alors une plateforme à diviser, ou bien un compas à vis, et on espace bien également les dents entre elles. Après avoir rangé les traits perpendiculairement au moyen d'une règle, ou plutôt d'un morceau de ressort de montre, on fait avec un petit foret, sur le pourtour de la ligne circulaire, des trous qui servent à désigner la partie du bois qui doit être enlevée entre chaque dent ; pour enlever ce bois, on se sert d'une scie faite avec un ressort de montre bien mince. Cette opération terminée, on donne avec des limes rondes et des râpes de petite dimension , la forme d'un coin à toutes les dents, et on finit par les polir avec la prêle à l'eau. Quand on veut donner plus d'agrémens à ce moule, au lieu de prendre les dents sur la pièce, on les forme sur un cercle d'ivoire qu'on adapte à l'extrémité supérieure du moule. On peut coller ce cercle avec de la colle forte, ou mieux encore le visser. (Voyez *Pl.* II , *fig.* 16.)

Comme toutes les bourses ne se font pas avec le même point, et de la même manière, il est nécessaire d'avoir des moules de toute espèce ; je me bornerai à donner la forme de deux.

Le moule dont je vais parler ressemble à peu près à un gobelet, et se fait communément en buis. On prend donc un morceau de bois un peu plus gros et un peu plus long que celui qui a servi pour le moule précédent, on en fait un cylindre qu'on arrondit par un bout. Par l'autre bout, qui a dû être coupé carrément et à angles vifs, on creuse le moule en lui donnant intérieurement la même forme qu'à l'extérieur, et ne lui laissant partout que deux lignes d'épaisseur. Tout près du bord et tout autour du moule, on perce trois rangées de petits trous disposés de la manière qu'on peut voir (*Pl.* II , *fig.* 15). C'est dans ces trous qu'on passe les premiers fils qui servent à commencer la bourse. Pour rendre ce moule plus commode, et pour qu'on puisse y renfermer, comme dans une boîte, le fil ou la soie, on y adapte un couvercle qui s'ouvre et se ferme par une vis.

SECTION VI.

Manière de faire un jeu de loto.

Rien de plus facile que de faire les boules qui composent un jeu de loto. On peut les confectionner en entier sur le tour en l'air, mais il est plus facile et plus prompt de commencer par faire sur le tour à pointes autant de petits cylindres qu'il en faut pour fournir le nombre nécessaire de boules. Quand les cylindres sont tournés à la grosseur requise, on les divise et on les coupe en autant de parties qu'on peut en tirer de boules. On prend chaque morceau dans un mandrin fait exprès, et on commence par tourner la partie qui doit être plate; on ôte ensuite la boule de dessus le tour, on la saisit par le côté déjà tourné avec un autre mandrin, et on l'arrondit par le côté qui doit être bombé. Cette opération est d'autant plus prompte que la boule ne demande pas un poli aussi parfait que la plupart des pièces faites sur le tour.

On joue le loto de différentes manières; quand pour gagner la partie il faut avoir cinq numéros de suite sur le même carton, ce qui fait ce qu'on appelle un quine, il faut avoir une planche percée de quatre-vingt-dix trous; si au contraire on ne tire du sac qu'un nombre déterminé de boules, on fait un petit plateau sur lequel on perce un nombre égal de trous; on adapte ordinairement à ce plateau, qu'on fait de buis, un manche rond et trois petits pieds tournés, en os ou en buis. Je ne parlerai pas de l'outil avec lequel on creuse les trous, il est facile de voir qu'on ne peut se servir que de la gouge.

Manière de faire un nécessaire de dames.

Parmi les différens nécessaires de dames qu'on peut fabriquer au tour en l'air, j'ai choisi le plus compliqué, et par conséquent celui qui offre le plus de difficultés, parce que quand on aura fait celui-là, on fera sans peine tous les autres.

On prend un morceau d'ébène, de bois de rose ou de tout autre bois des îles, bien sain, de la grosseur et de la longueur qu'on veut donner au nécessaire; on le perce à son centre, on le taraude, on le visse sur le nez de l'arbre et on lui donne une forme cylindrique, ayant soin de réserver par le bas une petite embase. Cette opération terminée, on dresse le bout qui doit faire le bas du nécessaire, et on perce à son centre, un trou qu'on taraude de manière à pouvoir visser la pièce sur le nez de l'arbre; alors on change le cylindre de bout et on le creuse. On laisse au fond quatre lignes à peu près d'épaisseur, deux lignes suffisent pour le corps du cylindre; on taraude ensuite extérieurement l'extrémité supérieure, sur laquelle le couvercle doit être vissé; puis on trace sur le fond, intérieurement, un cercle qui doit tenir exactement le milieu entre la circonférence de l'intérieur du cylindre, et celle du trou percé au centre du fond; avec un compas, on divise ce cercle en quatre parties égales, et sur chacun des points de la division, on creuse un trou de trois lignes de profondeur.

On tourne quatre petites colonnes d'os ou d'ivoire, au bas desquelles on laisse un tenon dont la grosseur et la longueur doivent correspondre à la profondeur des trous faits sur le cercle dont j'ai parlé plus haut. Ces colonnes, qui doivent être de la même hauteur que la pièce, sont divisées sur cette même hauteur en deux parties égales, dont l'une, c'est-à-dire celle d'en bas, est de moitié à peu près plus grosse que l'autre, celle du haut se termine par une petite boule. Pour que les tenons soient plus solidement fixés dans les trous, on les trempe, avant de les placer, dans de la colle forte, chaude et un peu claire.

Tout étant ainsi disposé, on tourne un cylindre destiné à faire la pièce où doit être placé l'étui faisant partie du nécessaire. Ce cylindre est aussi divisé en deux portions à peu près égales, dont l'une est taraudée au diamètre de l'écrou fait au centre du fond du nécessaire, et doit excéder tant soit peu l'épaisseur de ce fond, l'autre partie reste unie et ne doit déborder la vis que d'une ligne environ. Cette partie du cylindre est creusée de manière à pouvoir contenir l'étui. Je ne parlerai pas de la manière de tourner l'étui, je dirai seulement qu'il doit être fait d'ivoire ou de quelque bois précieux. On peut, si l'on veut, l'orner de cercles dont la couleur tranche avec celle de l'étui ; j'ajouterai que le couvercle de cet étui, étant destiné à servir de porte-dé, doit être arrondi par le haut, et que l'étui lui-même doit n'avoir que la longueur suffisante pour que, mis à sa place, le dé emboîte dessus, et effleure seulement l'intérieur du couvercle.

Si l'on veut faire le dé soi-même, on coupe

un morceau d'ivoire à la longueur convenable, on le tourne et on le creuse à la grosseur ordinaire du doigt; pour percer les trous qui doivent retenir la tête de l'aiguille quand on coud, on se sert d'un foret fait en forme de langue de carpe. Tout le monde connaissant la forme d'un dé à coudre, je ne crois pas devoir m'étendre davantage sur la manière de le faire.

Pour terminer les pièces qui doivent entrer dans l'intérieur du nécessaire, il ne reste plus à faire que les bobines. On prend un morceau de buis ou de tout autre bois dur, assez long pour qu'on puisse y trouver huit bobines, on le met sur le tour, et on en fait un cylindre dont la grosseur doit être calculée de manière à ce que les bobines, placées sur leurs pivots, puissent tourner dans l'intérieur de la boîte sans frotter les unes contre les autres. On partage ensuite ce cylindre en deux morceaux égaux. On perce le premier morceau à son centre dans toute sa longueur, ayant soin de se servir d'une mèche assez grosse pour que la bobine puisse entrer sur la partie la plus grosse du pivot et y tourner facilement. On remet la pièce sur le tour, introduisant dans les trous faits au centre, les pointes des poupées; on marque la longueur de chaque bobine, on désigne avec un cercle les tranches qui doivent rester à chaque bout, on imprime sur ces tranches, avec une molette, des perles ou toute autre figure, ensuite on évide les bobines, et on les sépare à mesure qu'elles sont terminées.

On fait ensuite les quatre autres de la même manière, seulement on fait le trou du milieu un peu moins grand; ces bobines doivent entrer dans la partie du pivot qui est d'un plus faible diamètre.

Avant de mettre les bobines à leur place, on fait sur le corps du nécessaire, huit trous correspondant à la circonférence de chacune des bobines, et on garnit ces trous avec des yeux d'ivoire, ou d'un bois de couleur convenable, qu'on fait entrer un peu juste, et qu'on peut même coller pour qu'ils tiennent plus solidement. C'est par ces trous qu'on tire le fil à mesure qu'on en a besoin.

Pour donner plus de grâce au nécessaire, on le monte sur trois pieds d'ivoire auxquels on donne la forme qui plaît davantage, et qu'on place à égale distance les uns des autres, vers les bords de la base du nécessaire.

Le corps de l'ouvrage et tout ce qui le compose étant terminé, on s'occupe du couvercle. On prend un morceau de bois de la même espèce que celui qu'on a déjà employé, mais beau et bien choisi. Quand la pièce est sur le tour, on la creuse en forme de voûte un peu plate, et sur le bord intérieur on la mandrine de manière à ce que le couvercle puisse se visser bien juste sur le corps du nécessaire. Pour s'assurer si les mesures ont été exactement prises, et en même temps pour terminer le porte-étui qui, comme je l'ai dit, excède le dessous du nécessaire au centre duquel il est vissé, on présente le couvercle, et on le visse; on le dévisse ensuite, on l'unit, on le polit en dedans, et on l'ôte de dessus le tour. Pour lui donner sa forme extérieure, on le visse sur un mandrin fait exprès; quand il est terminé extérieurement, il reste encore à creuser le bassin où la pelote doit être placée, mais avant de s'en occuper, on commence par faire la pelote.

On prend une rondelle de bois, n'importe de quelle espèce, et on l'arrondit sur le tour. On donne à ses deux faces une forme un peu concave, et on perce au milieu un trou rond, assez grand pour qu'on puisse y passer le doigt. On a un morceau d'étoffe de soie, c'est ordinairement un morceau de velours uni qu'on a coupé en rond, et assez grand pour que, sans être étiré, il puisse couvrir la rondelle et s'attacher sur son pourtour. On peut, si l'on veut, le clouer avec des clous à tête plate, ou bien des clous d'épingle; mais pour qu'on puisse changer le velours au besoin, on le lie avec du fil un peu gros, qu'on peut même cirer pour lui donner plus de force; ce fil porte sur une rainure pratiquée tout autour de la rondelle. Quand le velours est attaché, on remplit de son l'espace qui se trouve entre la rondelle et le velours, en faisant entrer ce son par le trou qu'on sait avoir été fait au milieu. Quand la pelote est suffisamment dure et bien égale partout, on bouche le trou avec un bouchon de liége de l'épaisseur du bois, ou bien on colle dessus un morceau de peau.

Quand la pelote est terminée, on creuse sur le dessus du couvercle, le bassin dans lequel elle doit être placée sur le champignon.

On fait une portée de profondeur suffisante pour que la rondelle y entre sans excéder la surface; sur le bord du bassin on ménage un pas de vis très-fin, dont on connaîtra bientôt l'usage. Ce n'est pas tout de mettre la pelote dans le bassin, il faut encore l'y fixer : pour cet effet, on tourne un cercle d'ivoire du même diamètre que le bassin, on lui laisse à l'intérieur un rebord qui porte sur la pelote et la maintient, et on le taraude de manière à ce qu'il puisse se visser sur la petite gorge pratiquée au bord du bassin :

quand ce cercle est placé, et que le couvercle
est vissé, le nécessaire est entièrement terminé.
(Voyez *Pl.* II, *fig.* 22.)

On fait des nécessaires de différentes formes et
de différentes grandeurs ; ceux qui ne contien-
nent qu'un étui avec un dé, ont assez communément la forme d'un gland ; il en est de plus grands
qui ont une pelote par dessus, et qui renferment
jusqu'à dix ou douze petits ustensiles, qui chacun doivent avoir leur place séparée. D'autres
ont la forme d'un vase ; il en est même sur lesquels on établit une glace supportée par un pied :
mais, je le répète, il suffira pour les personnes
un peu exercées de voir ces nécessaires pour les
imiter.

SECTION VIII.

Manière de faire une boîte fermant à secret.

On fait une boîte, n'importe de quel bois,
avec les procédés déjà indiqués, mais on donne
à la gorge deux lignes d'épaisseur et autant d'é-
lévation. Quand la boîte est ainsi disposée, on
fait contre la portée, et à mi-bois, une rainure,
avec un tronquoir d'une ligne. On ôte alors la
boîte de dessus le tour, et on divise la gorge en
quatre parties égales, ce qui donne quatre quarts
de cercle. On marque la division avec la pointe
du compas, et on tire un trait perpendiculaire
avec le crayon. On enlève ensuite avec un ciseau,
dans les deux quarts de cercle placés vis-à-vis
l'un de l'autre, et à l'extérieur de la gorge, le
bois qui se trouve depuis le haut jusqu'à la profondeur de la rainure. Cette opération est un peu
minutieuse, et demande beaucoup de soin, surtout pour enlever le bois bien carrément.

On fait ensuite le couvercle, et en le creusant

on lui donne bien juste le diamètre du fond de la gorge. Quand on a pris exactement, avec un maître à danser, la grandeur de l'intérieur du couvercle, on trace dans le fond une rainure semblable à celle pratiquée sur la gorge, mais en sens inverse, afin que l'une puisse s'incruster dans l'autre, et que la boîte se ferme hermétiquement. Pour fermer cette boîte, on applique le couvercle de manière à ce que les quarts de cercle pleins de la gorge, entrent dans les quarts de cercle vides du couvercle, et on tourne un peu le couvercle dont les rainures entrent dans celles de la gorge, et alors la boîte se trouve fermée. Pour l'ouvrir, on tourne de nouveau le couvercle jusqu'à ce qu'il soit dans la même position où il a été mis d'abord, et on le lève sans difficulté. On a coutume de faire, sur l'extérieur de la boîte, une marque qui indique le point où il faut mettre le couvercle pour l'ouvrir. (Voyez *Pl.* II , *fig.* 23.) Cette première idée peut donner naissance à une infinité d'inventions du même genre.

SECTION IX.

Manière de faire une sarbacane.

Pour faire une sarbacane, qui n'est rien autre chose qu'un tube de trente à trente-six pouces de longueur, on prend un pied de coudrier, ou un autre morceau d'un bois de fil, liant, bien droit et sans nœuds. On le met sur le tour en l'air, en le saisissant à gauche dans un mandrin fendu, ou autre de ce genre, et en plaçant à droite, bien au centre, la pointe d'une poupée. On commence par faire un épaulement sur le bout qui doit former le haut de la pièce, et ensuite on substitue une poupée à lunette à la pou-

pée à pointe. On applique sur le trou qu'a fait la
pointe de la poupée, et qui par conséquent se
trouve parfaitement au centre, la pointe d'un
perçoir à deux tranchans, d'un calibre convenable, et on perce le bâton jusqu'à moitié de sa
longueur. On le retourne après cela, et avec le
même outil, on le perce par l'autre bout jusqu'à
ce qu'on ait rencontré le trou déjà fait, et qui
ordinairement se rencontre assez juste, quand on
a tenu le perçoir un peu ferme et bien directement. Dans tous les cas, on prend une mèche
gouge, et en dressant le trou on lui donne dans
toute sa longueur le diamètre qu'il doit avoir.

Quand le bois présente une belle écorce, on
la conserve, et le tube n'en est que plus beau;
dans le cas contraire, on tourne le bâton. Le
moyen le plus sûr est de se servir de la lunette,
parce que, quelques précautions qu'on prenne,
il est à craindre que la pression des vis ne fasse
fendre le bois. Quand le bâton est tourné, on a
obtenu un tube seulement; mais pour faire la
sarbacane il faut garnir ce tube d'un bout et
d'une pomme fermant à vis. On peut faire le
bout, de fer ou de cuivre; mais pour la pomme
on emploie du buis, de l'ébène, ou tout autre
bois dur, même de la corne.

Pour faire le bout en fer, on prend une virole
de dix-huit à vingt lignes de longueur, et d'un
diamètre à peu près égal à la grosseur du bâton,
et on la tourne à l'extérieur sur le mandrin qu'on
nomme *triboulet;* on coupe ensuite dans une
feuille de tôle aussi épaisse qu'il est possible de
l'avoir, un parallélogramme qu'on forge à froid,
et qui, formé en cylindre, doit entrer juste dans
un des bouts de la virole. Quand on s'est assuré
que l'opération est juste, on soude ces deux pièces ensemble. (Je parlerai ailleurs de la manière

de souder le fer.) Quand elles sont soudées, ou plutôt brasées, on fait dérocher le canon dans de l'eau seconde, puis ou le monte sur un mandrin et on forme une vis sur la partie du cylindre de tôle, qui présente une gorge.

On fait ensuite l'écrou qui doit être surmonté d'un bouton de fer. On prend une virole de la même grosseur extérieurement que la première, mais dont le diamètre intérieur doit être moindre. (On peut se servir pour ces viroles de deux morceaux d'un canon de fusil.) On forge ensuite un bouton de fer, et on pratique tout autour un épaulement qui doit entrer juste dans l'un des bouts de la virole. On brase et on déroche ces deux pièces comme les deux premières, et on les met au tour sur un mandrin. Alors on prend un peigne mâle du même pas que la vis filetée sur la pièce précédente, et on forme l'écrou. On visse ensuite les deux pièces l'une sur l'autre, et ou les termine ensemble. Avant de placer le bout sur la sarbacane, on fait, avec une lime à refendre, une encochure au milieu du bouton. Cette encochure sert à tourner le bouton quand la vis est rouillée ou trop serrée.

Comme la sarbacane sert de canne, elle doit avoir une pomme, qui peut se faire en corne comme en ivoire, ou même en buis, et qui naturellement se place sur le haut de la pièce.

SECTION X.

Faire une canne à pêche.

Pour peu qu'on ait l'usage du tour, et qu'on sache percer les objets d'une certaine longueur, il suffit de voir une canne à pêche, pour en connaître la structure, et pouvoir l'imiter. Cette canne se compose de trois tubes de différentes grosseurs, et d'un scion. Ces tubes entrent les uns dans les autres, et sont renfermés dans le premier qui, par conséquent, doit être le plus gros. Le diamètre des tubes dépend de la longueur de la canne, qui est ordinairement, y compris le scion, de quinze à seize pieds. On garnit de viroles de cuivre ou de fer, l'extrémité du tube dans laquelle vient s'emboîter le tube suivant. Quelquefois, les tubes s'assemblent par des vis, mais on remarque que la ligne alors devient très-pesante; cependant cette méthode a l'avantage de rendre l'assemblage bien plus solide.

On assemble encore les tubes d'une autre manière qui est assez commode. On les tourne par un bout, en forme de cône fort alongé, et on les met les uns dans les autres; on visse la pomme sur le haut de la canne, on peut même la coller si l'on veut, parce qu'on ne l'ôte point pour monter la canne, il suffit de dévisser le bout. La première pièce qui se monte, c'est le scion; on le tire avec un peu de force, et on entraîne avec lui le premier tube dans lequel il est renfermé et d'où sa forme l'empêche de sortir, le premier tube entraîne le second, le second entraîne le troisième, et tous se trouvent solidement fixés les uns au bout des autres. On conçoit facilement que les trous des tubes doivent être faits de manière à se trouver plus étroits par un bout que par l'autre.

Le scion se compose ordinairement d'un morceau de bois d'orme ou de fusain, et d'une petite baguette ronde de baleine qu'on ente au bout. Pour cet effet, on coupe en bec de flûte le bois et la baleine, on joint les deux coupures, et on les lie fortement avec du fil très-fort et bien ciré.

Pour attacher la ligne sans craindre qu'elle ne coule, on ménage au bout de la baleine un petit renflement auquel on donne une forme ronde ou ovale.

Faire un plioir.

On fait des plioirs de plusieurs espèces, on met même parfois du luxe dans les objets de ce genre. Je me contenterai de donner la description d'un seul, qui m'a paru aussi simple que commode.

On prend une planche de buis ou d'ébène, ou de tout autre bois dur, longue d'environ cinq pouces, et ayant six lignes d'épaisseur sur dix-huit de largeur; on dresse cette planche, et on enlève avec une scie mince quatre parties qu'on nomme les ailettes, qui ont pour largeur l'épaisseur de la planche, c'est-à-dire six lignes, et qui ne doivent pas être épaisses de plus d'une ligne; on arrondit ces ailettes par le bout, on les dresse et on les polit.

Quand on a enlevé les ailettes, on creuse le morceau de bois restant qui doit avoir environ dix lignes de largeur, et on en fait une boîte à laquelle on donne cinq lignes de profondeur. Sur l'un des bouts de cette boîte, on fait une encastrure dans laquelle doit entrer un des côtés de la charnière qui tient le couvercle. On perce ensuite à chaque bout, et sur les côtés, un trou destiné à recevoir les traverses, sur lesquelles doivent être fixées les ailettes; c'est aussi sur ces traverses que doivent être placés les rouleaux dont je parlerai plus bas.

Après cela, on fait le couvercle qui peut s'a-

dapter à la boîte, soit simplement, au moyen
d'une coulisse, ou bien avec une charnière; et
pour maintenir ce couvercle par l'autre bout,
on y place une petite boucle et un crochet de fil
de fer ou de cuivre.

On a dû faire auparavant huit rouleaux, ou
d'ivoire, ou de buis. Dans des trous percés au
centre de ces rouleaux, ainsi que dans ceux pratiqués dans les ailettes, et dans le corps de la
boîte, on fait passer des brochettes de fil de fer
qu'on rive à rosettes. Il est facile de voir comment se roulent les lignes sur ce plioir; tout le
monde sait qu'on commence par fixer un bout,
au moyen des hameçons, et qu'on tourne jusqu'à ce que la ligne soit entièrement ployée; ou
arrête l'autre bout dans de petites fentes faites
avec une scie mince, sur la tranche des ailettes.

SECTION XII.

Objets d'amusement.

1. *Faire une boîte à muscade.* — Pour faire
une boîte de ce genre, on se sert ordinairement
de buis d'Espagne, ou de bois de Rhodes. On
commence par faire un cylindre assez long et assez gros, pour qu'on puisse y trouver en entier
la cuvette de la boîte, composée de la coupe et
du pied-douche. On monte ce cylindre sur le
tour en l'air au moyen d'un mandrin, et on creuse
la coupe. On lui donne intérieurement la forme
d'une calotte demi-sphérique, assez grande pour
que la muscade, dont je parlerai plus bas, puisse
y entrer juste, et ne pas remuer quand elle y
est placée. On pratique ensuite, sur le bord de
la cuvette, une gorge très-mince, et d'une ligne
tout au plus de hauteur.

Après cela, on fait avec un outil à mouchette sur l'extérieur, des joncs qui doivent être parfaitement ressemblans : l'intérieur de la coupe étant ainsi disposé, on termine la cuvette en tournant le pied-douche. Pour qu'il puisse tenir plus facilement sur une table, on coupe sa base à angles rentrans.

La muscade, dont il est ici question, est une petite boule ronde, d'ébène, ou de buis teint en noir très-foncé, représentant une muscade semblable à celles dont se servent les escamoteurs.

Quand la cuvette est achevée, on fait la fausse muscade. Pour cela, on tourne sur un mandrin ordinaire, un morceau du même bois que celui qui a servi pour la cuvette, et on lui donne la forme d'une calotte. Cette calotte, qui doit être très-mince, présente en dessus une muscade teinte en noir d'ébène et parfaitement arrondie. A l'intérieur, on la creuse de manière à ce qu'elle puisse recevoir bien juste la véritable muscade. Indépendamment d'une petite partie, entrant dans la cuvette, on doit trouver sur le profil extérieur de cette calotte, une gorge et un jonc absolument semblables à la gorge et aux joncs de la cuvette.

Il ne reste plus à tourner que la seconde calotte. On la fait aussi du même bois que la cuvette; on lui donne une forme demi-sphérique, et on la creuse suffisamment pour qu'elle puisse couvrir bien exactement la fausse muscade. Elle s'ajuste sur la première calotte, au moyen d'une petite portée intérieure, et doit présenter aussi à l'extérieur, des joncs absolument semblables à ceux qui se trouvent sur la cuvette. On incruste au sommet de cette calotte, et sur son centre, un petit bouton d'ivoire ou d'ébène qu'on

a soin de coller pour qu'il tienne plus solidement.

Cette boîte, ainsi composée, est d'une forme
entièrement sphérique. Quand on veut en montrer l'effet, qui n'est qu'une illusion, on la met
sur une table isolément, puis prenant le bouton
qui est dessus, avec le pouce et l'index, et serrant avec un autre doigt la joue de la première
calotte, on enlève et on fait voir la muscade qui
est dans la cuvette. On prend ostensiblement cette
muscade, et on la met dans sa poche, puis on recouvre la boîte. On offre alors de parier que la
muscade est dans la boîte : pour le prouver, on
lève la seconde calotte seule, et on montre la
fausse muscade. On referme la boîte de nouveau,
et on parie que la muscade n'y est plus. On emploie alors le même procédé que la première fois,
et on montre la cuvette qui est véritablement
vide. Si toutes les parties de la boîte doivent être
faites avec soin, et de manière à ce qu'elles s'a-
justent avec la grande exactitude, il faut aussi
de l'adresse et de la subtilité pour produire l'illusion d'une manière agréable. (*Voyez* cette
boîte, *Pl.* II, *fig.* 24.)

2. *Faire une boîte à œufs.* — L'effet de la
boîte à œufs est le même que celui de la boîte à
muscade, et ces deux boîtes se construisent aussi
en grande partie de la même manière. On prend
un morceau de bois, n'importe de quelle espèce,
et on en fait sur le tour en l'air, à l'aide d'un
mandrin, une cuvette de forme demi-sphérique,
soutenue par un pied-douche. On creuse cette
cuvette en rond, et on pratique sur le bord une
gorge mince et fort basse. On tourne ensuite le
couvercle qui doit être d'une forme demi-sphérique, et avoir une portée intérieure sur le bord.
Après cela, on fait autant de calottes qu'on veut

avoir d'œufs de différentes couleurs. Ces calottes sont creusées et fort minces ; on leur donne la form d'un œuf dont la moitié serait cachée dans un coquetier ; elles ont toutes sur le bord une petite portée, et s'emboîtent exactement les unes dans les autres. On incruste aussi au milieu du sommet du couvercle, un petit bouton qui sert à tenir et à lever ce couvercle. On présente ordinairement la boîte vide, ou bien avec une calotte blanche représentant un œuf ordinaire, et on demande en quelle couleur on veut que cet œuf se change. La couleur demandée doit être une de celles qui ont été données aux calottes. Les escamoteurs ont l'air d'avaler les œufs à mesure qu'ils les font voir ; mais à l'instant où ils approchent la boîte ouverte de leur bouche, ils font passer adroitement, et sans qu'on s'en aperçoive, l'œuf sous le couvercle.

Les escamoteurs ont encore plusieurs boîtes du même genre, soit en bois, soit en fer-blanc, et qui produisent des illusions très-frappantes ; mais je me bornerai à celles dont je viens de parler. (Voy. *Pl.* II, *fig.* 25.)

3. *Boîte à millet.* — La boîte à millet est, quant à la forme extérieure, la même que celle à muscade. On sait que le tour exécuté avec cette boîte, consiste à paraître faire passer le millet qui est dans la boîte, sous une sonnette placée à une certaine distance ; cette boîte est fermée et surmontée de son couvercle. Sa partie inférieure se termine par un pied-douche, auquel on peut donner telle forme qu'on désire, et à l'autre bout elle a une gorge recevant une partie ménagée en dessous d'une fausse boîte ; cette gorge doit ressembler à celle sur laquelle porte le couvercle. Au reste, cette boîte s'ajuste intérieurement absolument de la même manière

que la boîte à muscade. Quand on la prend
par le bouton qui est sur le couvercle, la fausse
boîte s'enlève, et on voit seulement la véritable
boîte sur les surfaces intérieures de laquelle
on a collé des grains de millet ; et en ayant soin
de maintenir avec la main gauche la fausse
boîte, la boîte véritable paraît absolument pleine
de millet.

La sonnette sous laquelle on est censé faire
passer le millet qui était dans la boîte, demande
un soin particulier dans sa formation.

Pour faire cette sonnette, on choisit un morceau de buis d'Espagne de grosseur et de longueur convenables ; on monte ce morceau de buis
sur un mandrin, et on le dégrossit en lui donnant la forme qu'on aura dû tracer auparavant
sur du papier. Cette opération terminée, on
prend une mèche en langue de carpe, et on
perce au milieu du morceau de bois, sur sa
longueur, un trou rond qui doit la traverser
en totalité. L'extrémité supérieure de ce trou
est destinée à recevoir le bout d'un manche.
Immédiatement après ce trou, est pratiquée
une cavité qui se trouve entre l'extrémité supérieure et la cavité intérieure de la sonnette,
comme on peut le voir *Pl.* III, *fig.* 37. Pour
former cette cavité, on se sert d'abord d'un
crochet, et ensuite d'un outil de côté, rond par
le bout. On doit avoir bien soin de ne pas enlever trop de bois, et de laisser l'épaisseur nécessaire. Quand l'intérieur de la cavité est terminée, on évase avec un grain d'orge l'orifice
du trou, de manière à ce qu'il soit exactement
fermé par le haut de la soupape dont je parlerai
plus bas.

Après cette opération, on retire la sonnette
du premier mandrin, et on la met dans un se-

cond pour la terminer à l'extérieur. On peut, si l'on veut, faire à l'extérieur quelques moulures, mais bien délicates. On creuse ensuite l'intérieur de la clochette, ayant bien soin de ne pas crever les surfaces terminées. Il est bon d'ailleurs de consulter souvent le dessin qu'on a dû faire, et de mesurer avec un compas convenable. Quand la cavité est suffisamment creusée, on fait à son orifice supérieur un écrou destiné à recevoir la vis du manche.

Pour faire ce manche, qui est composé de deux parties, savoir : du corps principal et du bouton, on tourne un cylindre de bois, de longueur et de grosseur suffisantes, pour qu'indépendamment du manche, on puisse y trouver une soupape. (Voy. *Pl.* III, *fig.* 36.)

Quand le cylindre est tourné, on le monte dans un mandrin par un bout; on commence par faire, au bout opposé, la soupape, au centre de laquelle on perce un trou très-fin, et on la coupe, c'est-à-dire qu'on la détache du cylindre. On fait ensuite le bouton, qu'on perce également à son centre, de la même manière que la soupape.

Il ne reste plus à faire que le corps du manche. On perce le cylindre au centre, dans toute sa longueur; le trou doit être de largeur suffisante pour recevoir la tige de fer qui, fixée au bouton, traverse le manche dans toute sa longueur, ainsi que la cavité pratiquée au haut de la clochette, et va prendre la soupape qui ferme cette même cavité. Le trou dont je viens de parler doit être évasé vers le haut du manche, et avoir assez de largeur pour contenir un ressort à boudin. On tourne le corps du manche, et on lui donne une forme à peu près semblable à celle qu'on voit dans la figure.

On ôte après cela le manche du mandrin ; on le saisit dans un autre par le bout qui vient d'être évasé, et sur le bout opposé, on forme la vis, au moyen de laquelle ce manche doit s'adapter à la clochette. Enfin, tout étant ainsi préparé, on prend la tige de fer, et on en place le bout dans le bouton ; cette même tige, enfilée par le trou pratiqué dans le manche, et traversant ainsi le ressort placé dans l'évasement à ce destiné, va joindre la soupape qu'elle doit soutenir et fixer. La soupape, comme on le voit par sa forme, porte un anneau auquel on attache le battant de la clochette, au moyen d'une S en fil de fer.

Rien n'est plus facile que de faire un ressort à boudin : on prend un brin de fil de fer, de de grosseur convenable, on en fixe le bout dans un étau, et on tourne le fil autour d'un cylindre de fer.

Pour faire le tour, on remplit de millet la cavité formée au haut de la clochette, et pour faire tomber ce millet, quand il est censé être passé de la boîte sous cette même clochette, il suffit d'appuyer le doigt sur le bouton du manche; car alors la tige de fer descendant et forçant la soupape à découvrir l'orifice inférieur de la cavité, il est clair que le millet tombe et se trouve sous la clochette quand on la lève. On doit faire en sorte que la cavité de la clochette renferme une quantité de millet à peu près semblable à celle que peut contenir la boîte. Ce tour bien exécuté est fort agréable.

Quand on a bien compris la structure de ces différentes boîtes, et la manière d'en tirer parti, on peut en exécuter une infinité d'autres du même genre.

4. Manière de faire une boîte fermant à vis.

— Voilà la méthode qu'on peut suivre pour ces
sortes de boîtes. Je suppose que la cuvette soit
tournée, mais qu'elle ne soit pas encore creusée,
et que la gorge soit mise au point où elle doit
être. On prend un tronquoir de demi-ligne, on
l'enfonce à la profondeur des filets qu'on veut
former, et on abaisse la clé d'arrêt ; on lève ensuite la clé en bois correspondant au pas de vis
dont on a besoin, après avoir fait avancer un peu
l'arbre dans les coussinets ; on fait faire à la roue
un demi-tour, et on la laisse revenir sur elle-
même ; ce demi-tour de roue fait faire deux tours
et demi à l'arbre. On maintient la clé de bois au
moyen de la contre-clé ; et pour que le mouvement de rotation soit plus doux, on met quelques gouttes d'huile sur le pas de vis. On place
alors la première dent de gauche du peigne sur
le bord extérieur de la gorge de la boîte, on fait
faire à la roue un demi-tour, et le peigne trace
des hélices sur toutes les parties de la gorge qu'il
atteint ; parfois les deux tours et demi de l'arbre
ne suffisent pas pour amener la vis jusqu'à l'é-
paulement contre lequel se termine la gorge ;
alors il suffit de rapprocher le peigne d'une ou
de deux dents vers la gauche. On continue de la
même manière à creuser jusqu'à ce que le filet
ait atteint toute sa profondeur, et que son sommet soit bien aigu.

Quand cette opération est terminée, on creuse
la boîte, et on la finit de la même manière que
les boîtes ordinaires.

Je suppose également que le couvercle est
tourné, et creusé de manière à ce qu'il ne
reste plus à faire que l'écrou dans lequel doit
entrer la vis dont je viens de parler. Alors, au
lieu du peigne femelle, on prend le peigne
mâle ; on en applique la première dent sur le

bord du couvercle, et on continue d'opérer absolument de la même manière que pour la vis. Quand l'écrou est terminé, on présente la vis, et on s'assure si la boîte ferme bien. Si la vis éprouve trop de difficulté, et même si elle ne peut entrer dans l'écrou, on enlève la vive arête des filets avec le ciseau de côté pratiqué sur le peigne, et on creuse les filets jusqu'à ce que la boîte ferme parfaitement bien. Dans ces sortes d'opérations, on ne saurait donner trop d'attention à ce que l'outil se présente bien droit.

SECTION XIII.

Manière de faire les dames pour le trictrac.

Les dames de trictrac, qui sont au nombre de trente, devant être de deux couleurs, on les fait ordinairement de deux matières différentes qui sont l'ivoire et l'ébène ; pour faire les premières, on choisit une dent qui soit belle, fine et bien blanche, on la partage en autant de morceaux que le prescrit sa courbure ; on commence par enlever sur la circonférence une épaisseur d'environ quatre lignes, et on tourne le reste sur un tour à pointes, en forme de cylindre, et à la grosseur qu'on a déterminée. On ne peut fixer la largeur des dames, elle doit être proportionnée à la grandeur du trictrac ; cependant chaque côté d'un tablier de trictrac devant contenir six dames de rang sans qu'elles soient gênées, on aura le diamètre des dames en prenant la sixième partie de la largeur du tablier. Quand le morceau d'ivoire est tourné avec soin, on le divise en autant de parties qu'il peut former de dames, on laisse entre chaque dame un espace d'une ligne environ pour le trait de scie, et on marque la séparation avec un coup de grain d'orge. Quand les dames sont ainsi séparées, on polit le cylindre, et on approfondit, sur le tour même, le trait du grain d'orge avec une scie à tourner, prenant bien garde de ne pas endommager les bords. Quand il ne reste plus entre chaque dame qu'un espace de cinq à six lignes, on prend le morceau d'ivoire dans un étau avec la pince de bois, et on sépare les dames les unes des autres; on les met ensuite dans un mandrin où elles entrent juste, et posent contre une portée au moyen de laquelle on s'assure qu'elles tournent droit; alors, on tourne à angles vifs sur le bord, la face qui se trouve placée à l'extérieur, et on va en rentrant légèrement vers le centre qui doit être un peu concave. Comme la concavité ne doit pas excéder une demi-ligne, et que le coup d'œil n'est pas toujours assez juste pour s'assurer si la dame est trop ou pas assez concave, on peut se servir d'une règle qu'on applique bien droit sur la dame, ou plutôt d'un morceau de tôle bien dressé, sur lequel on aura déterminé la profondeur qui doit être donnée aux creux des faces. Quand la concavité est terminée, on polit la surface; enfin, on prend un mandrin de bois très-dur, on le creuse au diamètre des dames, qui doivent y entrer un peu de force, et siéger dans toute leur circonférence sur une portée pratiquée dans le fond du mandrin à l'épaisseur juste de la dame. Quand la dame est dans le mandrin, on polit la seconde face comme on a poli la première, après lui avoir donné la même concavité. Une attention toute particulière qu'il faut avoir, c'est de ne pas attaquer, en tournant, le bord du mandrin avec l'outil, car les dames diminueraient insensiblement d'épaisseur, et les dernières seraient beaucoup plus minces que les premières.

Il est une autre manière de faire ces dames, c'est de scier des rondelles et de les tourner l'une après l'autre sur un mandrin à mastic, et quand elles sont terminées d'un côté, de les mettre dans le mandrin dont j'ai parlé plus haut, et qui contient juste les dames dans leur épaisseur ; mais comme ces rondelles ne sont pas toutes égales, on les mesure avec un calibre qui détermine l'épaisseur et le diamètre des dames. Dans l'une et l'autre méthode, on ménage autant qu'il est possible l'ivoire, qui est une matière précieuse.

Pour faire les dames d'ébène, on choisit un morceau de ce bois bien sain, sans fentes, et d'un diamètre plus fort que celui que doivent avoir les dames, on en fait un cylindre, et on suit absolument la méthode que j'ai donnée pour les dames d'ivoire. Ces dames devant être de la même épaisseur et du même diamètre que les autres, on les mesure souvent avec le calibre de tôle dont j'ai parlé ; au reste, on les mandrine, on les fait un peu concaves, et on les polit avec les précautions indiquées plus haut.

Si on se sert de buis ou de bois de Rhodes pour les dames blanches, et de bois de palissandre ou de poirier teint pour les noires, on fera bien de les prendre toutes dans un seul cylindre. On sait que les bois teints en noir ne se polissent que quand la couleur est bien sèche.

On tourne les dames de damier absolument comme celles de trictrac.

SECTION XIV.

Manière de faire des dés.

Les dames ne suffisent pas pour jouer au tric-
tac, il faut encore avoir des dés, et ces dés ne
sont pas très-difficiles à faire ; on forme à la scie,
des morceaux d'ivoire auxquels on donne une
forme cubique, la plus régulière qu'il est possible ; on prend ensuite les dés dans un mandrin fendu, et on les dresse sur chaque face
avec un ciseau ; il est nécessaire que chaque face
porte bien régulièrement sur le fond du mandrin, car autrement il serait impossible d'avoir
une forme cubique bien régulière. On doit
aussi se rappeler que pour limer l'ivoire, il faut
des outils qui n'aient servi ni au fer ni au cuivre.
Quand les faces sont bien unies et parfaitement
d'équerre, on détermine avec un compas la place
de chaque point, et on le marque au crayon, puis
avec une pointe d'acier, on fait une petite empreinte sur chaque marque de crayon ; alors, on
prend un foret, monté sur un porte-foret qu'on
place dans un étau ou dans un bout de planche.
A ce porte-foret tient une bobine qui, ainsi que
l'arbre, est retenue entre deux poupées. Quand
on veut faire les trous, on prend un archet, on
fait faire deux tours à la corde sur la bobine, et
tenant le dé de la main droite, on le présente
au foret, et le mettant en mouvement avec l'archet, on perce les trous les uns après les autres,
en appuyant bien directement le dé sur la pointe
du foret, Quand les trous sont faits à la profondeur convenable, on les remplit de noir d'ivoire
délayé avec du vernis, et on laisse sécher ; par

ce moyen les trous présentent des points bien noirs et bien luisans. On vantait beaucoup autrefois les dés anglais, qui sont bien faits sans doute, mais qui ne l'emportent sur les nôtres en aucune manière.

Faire une boîte à colophane.

L'ivoire et le buis sont assez communément les seules matières dont on se sert pour faire des boîtes à colophane. Ces boîtes se composent, comme toutes les autres, de deux pièces, dont l'une est le corps de la boîte proprement dit, et l'autre le couvercle; mais ce couvercle est bien différent de celui d'une tabatière. On commence par ébaucher deux morceaux de la matière qu'on a choisie, et on leur donne une forme aussi ronde qu'il est possible de le faire.

Avec l'un, on tourne une boîte dont le diamètre intérieur doit être de douze à quinze lignes, et la profondeur d'environ dix à douze lignes; au haut et au bas de cette boîte, on laisse à l'extérieur un renflement sur lequel on forme une baguette et un petit carré. Ce renflement donne à l'entrée de la boîte, de l'épaisseur, et, par conséquent, de la force; il sert aussi d'agrément; dans l'intérieur de la boîte et à l'entrée, on fait quatre ou six pas de vis de moyenne grosseur.

Avec l'autre morceau, qu'on met sur un mandrin, on tourne une seconde boîte, dont le diamètre extérieur est calculé de manière à ce qu'il entre un peu à l'aise dans la première boîte; du côté qui est dans le mandrin, c'est-à-dire au bas de la boîte, on conserve un petit renflement qui sert à faire une vis destinée à fermer la boîte, en prenant dans l'écrou pratiqué à l'extrémité intérieure de la première boîte. Comme la seconde boîte sert de couvercle à l'autre, et que ce couvercle doit se mettre et s'ôter facilement, immédiatement au-dessus de la vis dont je viens de parler, on ménage un épaulement qui appuie sur le rebord de la première boîte quand la vis est serrée. On creuse cette seconde boîte, et on lui donne deux lignes tout au plus d'épaisseur ; alors on l'échancre dans toute sa longueur en quatre parties, et on ne laisse que quatre montans qui tiennent la colophane, et entre lesquels il existe une distance suffisante pour que le crin de l'archet puisse y passer facilement ; il est bon, pour que la colophane tienne mieux, de faire dans l'intérieur des montans quelques traits avec le grain d'orge ; on sépare ensuite la boîte du noyau, on la visse sur la première boîte, on remet le tout sur un mandrin, et on tourne ainsi la boîte entière jusqu'à ce que le profil et les moulures des deux soient parfaitement d'accord, et que la première boîte soit terminée et bien polie : on ne doit pas oublier que le dessous de cette boîte doit être un peu concave. Pour que les moulures produisent un meilleur effet, on fait un ravalement entre les baguettes du haut et du bas ; il ne reste plus qu'à terminer la boîte à l'extérieur ; pour cet effet, on la monte sur un mandrin sur lequel on a pratiqué un écrou proportionné à la vis du couvercle. Quand la boîte est bien polie, elle est entièrement finie ; mais pour qu'elle puisse servir à l'usage auquel on la destine, il faut qu'elle soit garnie de colophane ; voilà comment on s'y prend pour faire cette opération qui est bien simple. On enveloppe avec du papier un peu fort, l'extérieur des montans

ou dents du couvercle, et on lie ce papier avec
du fil mouillé, on fait fondre de la colophane,
on la purifie en l'écumant, on la laisse un peu
reposer pour que les corps étrangers qui peuvent
s'y trouver aient le temps de se précipiter au
fond du vase, et quand la colophane ne conserve
plus de chaleur que ce qu'il en faut pour la rendre coulante, on remplit la boîte, et on la laisse
refroidir; il n'y a plus ensuite qu'à ôter le papier.
(Voyez *Pl.* II, *fig.* 17.)

SECTION XVI.

Tourner des coquetiers.

La forme la plus naturelle qu'on puisse donner
à un coquetier, est celle qu'on voit (*Pl.* II, *fig.* 3).
Pour faire un coquetier de cette espèce, on prend
un morceau de buis, d'ébène ou de gaïac, assez
long pour qu'on puisse y trouver le coquetier
(on fait aussi des coquetiers en ivoire et en noix
de coco). On fait un trou à l'un des bouts, on
le taraude, et on place le morceau de bois sur le
nez de l'arbre en le vissant. On commence par
faire un cylindre, et on laisse un renflement
sur le bout où doit se trouver la base. Quand
on s'est assuré que le cylindre est bien rond, on
fait au milieu du bout opposé à la base, avec la
gouge, un creux qui doit être de la profondeur
qu'on veut donner au coquetier, on élargit ensuite ce creux jusqu'à ce qu'on l'ait suffisamment évasé. On fait ensuite la base, à laquelle
on donne la forme du pied d'une coupe, ou toute
autre qu'on juge à propos, et on termine le pièce
en lui donnant le poli, comme je l'ai déjà dit
plusieurs fois.

Pour avoir des coquetiers bien égaux, on peut

se servir d'un calibre, fait de la manière que j'ai désignée en parlant des échecs.

SECTION XVII.

Manière de tourner les cinq sections coniques.

Suivant les principes de géométrie, on ne peut couper un cône droit que de cinq manières. En le coupant parallèlement à la base vous avez un cercle au-dessous du cône. Vous obtenez un ovale en le coupant obliquement à la base : la section perpendiculaire à la base en passant par le sommet du cône, donne un triangle ; la section perpendiculaire à la base, mais ne passant pas par le sommet, donne une hyperbole, et enfin cette même section parallèle au côté, donne une parabole.

Avant de montrer la manière de faire ces différentes sections ou coupures, il faut apprendre à faire un cône.

On prend un morceau de bois le plus dur et le plus compacte qu'on puisse avoir, on lui donne quelques pouces de longueur de plus qu'on n'en veut donner au cône. On colle ce morceau de bois sur un mandrin avec du mastic et on le tourne. Les côtés doivent être très-droits et l'angle parfaitement aigu. Quand il est tourné aussi exactement qu'il est possible de le faire, on le polit avec la prèle à l'eau ou le papier de verre, et on le coupe par sa base à la hauteur déterminée auparavant. C'est une bonne méthode de donner d'abord la forme d'un cylindre à la pièce de bois dont on veut faire un cône.

Pour tourner la première section qui, comme

je l'ai dit, donne un cercle, on prend un morceau de bois de longueur suffisante pour qu'on puisse y trouver la figure qu'on veut former, plus de quoi faire tenir la pièce au mandrin. On tourne cette pièce cylindriquement à partir de la base, et allant en diminuant de manière à donner à la partie supérieure, à peu près le diamètre qu'elle doit avoir. On dresse et on polit le bout, et on trace dessus au crayon, très-superficiellement, un cercle, dont le diamètre doit être moindre que celui de ce même bout. On ôte la pièce de dessus le tour, et on perce sur ce cercle, avec un petit foret, trois trous de quatre à cinq lignes de profondeur, et qui doivent être à distance inégale les uns des autres.

On prend du fil de laiton dur et un peu gros, on en coupe trois bouts de douze à quinze lignes de longueur, et on les taraude dans une filière très-fine, à trois à quatre lignes de long. On place ensuite dans les trous faits au cercle, et du côté de la vis, ces morceaux de laiton qui, entrant avec un peu de force, forment eux-mêmes leurs écrous. On les retire ensuite, on les coupe de manière que remis à leur place et vissés, ils ne débordent la surface que de quatre à cinq lignes. On les appointit un peu rond, et on les visse dans les trous.

On prend ensuite un morceau de bois de forme aussi conique, de la hauteur et du diamètre nécessaires pour former le haut du cône, on le dresse au tour par le bout, et on le présente sur les pointes, en l'appuyant assez pour qu'il prenne l'empreinte de ces pointes. Sur chacune des empreintes, on fait un trou un peu moins grand que la largeur des pointes, on place le morceau de bois sur le cône tronqué, et on l'y fixe en enfonçant les pointes. On s'assure si les deux surfaces se joignent bien également, et les deux pièces étant ainsi réunies, on les tourne ensemble avec beaucoup de précaution, afin qu'elles ne se séparent pas, et on termine le cône. Cette pièce exige la plus grande régularité. Les surfaces et les angles doivent se joindre de manière que les deux morceaux réunis doivent paraître n'en faire qu'un seul. (Voyez *Pl.* II, *fig.* 5.)

Pour faire la seconde section, on prépare le bois de la même manière que pour la première; mais afin d'abréger l'opération, quand le cône est tourné, on fait la section avec une scie fine et coupant bien, et on lui donne l'obliquité nécessaire pour former un ovale plus ou moins alongé.

Cette opération faite, on unit le plan, d'abord avec l'écouène, et ensuite avec le papier de verre, de manière que la surface soit de la plus grande exactitude et de la plus grande régularité.

On tourne ensuite une pièce du même bois destinée à faire le sommet du cône tronqué, on la réduit à la grosseur convenable, on la coupe en lui donnant la même obliquité qu'au cône, et on la dresse assez exactement pour que sa surface s'applique parfaitement sur celle de la première pièce. L'opération se termine ensuite comme je l'ai dit en parlant de la première section. Cependant, comme les deux pièces sont coupées, et jointes dans un sens oblique, et que par conséquent il est assez facile de les séparer en appuyant l'outil pour terminer la pointe, on fera fort bien de mettre entre les deux un peu de colle forte bien claire. (Voyez. *Pl.* II, *fig.* 6.)

La troisième section, c'est-à-dire celle qui se fait perpendiculairement à la base en partant du sommet, et qui donne un triangle, offre peu de difficulté. On dresse très-exactement deux morceaux de bois de la même espèce, auxquels on donne la hauteur juste du cône qu'on veut faire, mais un peu plus de diamètre : on unit les deux surfaces de manière qu'elles s'appliquent parfaitement l'une sur l'autre, on place les pointes, on réunit les deux pièces, et pour qu'elles tiennent plus solidement, on les frotte avec un peu de colle ; enfin, on met le cône sur le mandrin au mastic fondu, et on place le mandrin sur le tour. Aussitôt que le mastic a pris un peu de consistance, on s'assure, en faisant tourner la pièce, si les deux morceaux qui la composent se joignent par le bout bien régulièrement et dans les proportions voulues, et on laisse refroidir le mastic.

Quand le mastic est sec, et totalement refroidi, on tourne la pièce par le bout à la longueur d'un pouce environ, et lorsque ce bout est bien rond, mais cependant un peu plus gros qu'il ne doit être, on détache la pièce du mastic, on la met par le bout qu'on vient de tourner, dans un mandrin creusé, et on la tourne en son entier jusqu'à ce qu'elle soit terminée ; on la polit ensuite, puis on sépare les deux morceaux en introduisant dans la jointure une lame de couteau bien mince, et enfin on enlève en la raclant avec un ciseau, ou un autre instrument, la colle qui se trouve entre les deux surfaces. (Voyez *Pl.* II, *fig.* 4.)

La quatrième section se fait de la manière suivante : on tourne un cylindre à un diamètre plus fort que la base, on le dresse très-exactement, on le coupe par les deux bouts à angles

très-droits, et on le tient d'un pouce environ
plus long que ne sera le cône. Quand les deux
bouts sont bien droits, on marque un centre à
celui qui est opposé au mandrin, et on ôte la
pièce de dessus le tour. On la remet dans un
autre mandrin, qui doit être rond, on s'assure
si elle tourne bien droit, on marque aussi un
centre sur le second bout, et on ôte encore le
cylindre de dessus le tour; alors, avec la hache,
on enlève sur l'épaisseur à peu près le tiers de
son diamètre, et on fait une surface plate qu'on
dresse le plus exactement possible, soit en tenant la pièce dans un étau, soit autrement.
Quand cette surface est bien dressée, et parfaitement à l'équerre avec la base, on prépare un
autre morceau du même bois, auquel on fait
également une surface bien unie, et on l'applique sur le cylindre dans toute sa longueur.
On emploie pour cela le moyen indiqué pour
les autres cônes, c'est-à-dire les pointes de
laiton et la colle. On place la pièce sur un tour
à pointes, en la prenant par les centres que
j'ai dit avoir été tracés sur les deux bouts, et
on réduit la pièce ajoutée, à la grosseur du cylindre; on met ensuite ce cylindre sur un mandrin bien rond, et on achève de le tourner.
Enfin, on forme le cône, on le coupe à sa
hauteur, on sépare les deux morceaux de la
manière que j'ai dit, et on ôte, en les râpant,
la colle qui se trouve sur les surfaces. (Voy. *Pl.* II,
fig. 7.)

La cinquième section est celle qui présente
le plus de difficulté; cependant, avec un peu
de soin et d'adresse, on parvient sans peine à la
faire.

On met sur le tour, dans un mandrin, un
morceau de bois qu'on doit tenir de quelques

pouces plus long que le cône qu'on veut former.
On dresse un des bouts de ce morceau de bois,
et on détermine exactement la longueur du cône;
on tourne la base au diamètre voulu, en laissant un espace de trois à quatre lignes; le bois
de trop qui se trouve du côté du mandrin reste
brut. On marque ensuite la hauteur que doit
avoir la pièce, en faisant une ligne avec un grain
d'orge; et à partir de cette ligne, on forme le
cône sans cependant aller tout-à-fait jusqu'au
bout. On ôte après cela la pièce de dessus le
tour, sans la séparer du mandrin, et prenant
dans un étau la partie qu'on a laissée brute, on
marque par un coup de scie, la profondeur que
doit avoir la section. On desserre alors les mâchoires de l'étau, et on saisit la pièce de manière que le côté opposé au trait de scie se
trouve perpendiculaire; ensuite, prenant le cône
sur sa longueur, on le fend également avec une
scie, et parallèlement au côté, jusqu'à ce qu'on
ait atteint le premier trait de scie, et que le morceau soit tombé. Les dents de l'outil laissent
toujours après elles des aspérités plus ou moins
sensibles; on les fait disparaître avec des écoue-
nes, et on dresse le plan de manière qu'il soit
parfaitement uni et droit dans tous les sens.
Quand cette première opération est terminée,
on prend un morceau du même bois, on le fend
avec la scie sur le même sens, et on le dresse
jusqu'à ce que son plan s'applique avec la plus
grande justesse sur celui du cône. On joint les
deux morceaux avec trois pointes, on remet la
pièce sur le tour, on enlève avec la gouge, et
à petits coups, l'excédant du morceau, et on
termine le cône; enfin on le polit, et on le coupe
à la hauteur désignée. Si, ce qui arrive toujours,
le dessous de la base n'est pas bien uni, on le

frotte sur un morceau de papier de verre, appliqué sur une planche bien dressée à la varlope. On doit faire en sorte que la base porte également dans toutes ses parties, et avoir soin de tourner également le côue dans tous ses sens. (Voy. *Pl.* II, *fig.* 8.)

Quand on veut conserver ces cônes comme objets de curiosité, on fait pour chacun un piédestal qu'on orne de différentes moulures, et auquel on donne quelques lignes de plus que la base de la pièce.

SECTION XVIII.

Manière de tourner une boîte unie.

La pièce la plus facile à faire sur le tour en l'air, c'est une boîte unie. On prend pour cela un morceau de bois, n'importe de quelle espèce, mais coupé bien carrément par les bouts; on l'ébauche à la hache, et on l'arrondit aussi bien qu'il est possible au moyen d'une râpe. On lui donne un diamètre un peu plus fort que celui que doit avoir la boîte, et une longueur suffisante pour qu'on puisse y trouver la hauteur de la boîte, celle du couvercle, plus la partie qui doit entrer dans le mandrin. On prend ensuite un mandrin de fer, de cuivre ou même de buis, mais revêtu d'une virole ou anneau de fer, afin qu'il ne fende pas; on creuse ce mandrin à angles droits, lui laissant un pouce de profondeur, et une largeur suffisante pour contenir la partie de la pièce qu'on doit y faire entrer. Cette partie doit entrer dans le mandrin très-juste et jusqu'au fond. Pour rendre cette opération plus facile, on ôte le mandrin de dessus

le tour, on place dessus la pièce de bois, et on
la fait entrer à coups de maillet. On remet ensuite la pièce sur le tour, et on s'assure si elle
tourne bien rond; dans le cas contraire, on la
fait revenir du côté faible, en donnant un coup
de maillet sur le côté le plus fort. La manière la
plus sûre, pour les commençans, c'est de mesurer le centre avec un compas, et de le marquer avec un grain d'orge. Quand on est assuré
que la pièce tourne droit, on aplanit la surface
bien carrément, et on mesure avec un compas à
pointe la hauteur du couvercle, car c'est par lui
que l'on commence; on trace cette hauteur sur
le côté de la pièce, en faisant tout autour un
filet avec le grain d'orge.

On creuse d'abord au centre avec le grain
d'orge, mais de manière à ne pas excéder la profondeur du cercle, ensuite on continue de creuser et d'élargir le trou, en tournant un des côtés
de l'outil parallèlement au côté du couvercle.
On reprend au centre, toujours avec le grain
d'orge, et on continue jusqu'à ce que le couvercle soit suffisamment creux. On prend ensuite
un outil de côté, qui doit également couper de
côté et du bout, et dont le biseau du bout fait
un peu l'angle aigu avec celui de côté, et on unit
parfaitement le fond en le rendant un tant soit
peu concave. On termine le côté intérieur en
présentant l'outil par le bout, et le tenant bien
droit pour qu'il prenne également sur toute la
longueur de la gorge. On aplanit le bord du
couvercle avec un grain d'orge qu'on tient de
manière à ce qu'il rentre un peu en dedans,
et que, par ce moyen, il jette d'une manière
peu sensible l'angle du bord extérieur du couvercle en dehors. Cette partie doit poser sur le
bord de la gorge assez juste, pour qu'on n'a-

perçoive que très-peu la jonction du couvercle avec la boîte.

Quand le couvercle est ainsi terminé, on s'assure si le filet, tracé dès le commencement à l'extérieur du couvercle, laisse assez d'épaisseur au fond, puis on approfondit ce filet, et en continuant de tenir le tour en mouvement, on sépare le couvercle du reste du morceau de bois, avec une scie à tourner, qu'on tient fixée par son milieu dans la rainure. Comme on n'a scié que peu de bois, il n'est pas difficile de faire disparaître les aspérités qu'a laissées l'outil.

On s'occupe ensuite de faire la boîte; on s'assure de la hauteur qu'elle doit avoir, et on la creuse à la profondeur qu'on veut lui donner, de la même manière et avec les mêmes outils que le couvercle.

Avant de faire la gorge, on ne porte pas l'intérieur de la boîte au diamètre qu'il doit avoir, cependant on ne laisse plus que peu de bois à ôter. On conçoit facilement le motif de cette précaution. Si l'on commençait par faire la gorge, et qu'on creusât ensuite la boîte, cette gorge deviendrait nécessairement trop lâche, quoiqu'elle fût d'abord entrée un peu juste dans le couvercle; alors, entre le couvercle et la boîte, il y aurait du jeu, ce qui est un défaut. Comme il faut que le couvercle prenne également dans toute sa hauteur, on ne saurait apporter trop d'attention à faire la gorge. A mesure qu'on approche de la fin de l'opération, on essaie de temps en temps si la gorge entre bien exactement dans le couvercle, et quand on en est arrivé à ce point, on presse l'un contre l'autre de manière à ce qu'on n'aperçoive presque plus la jonction. On achève ensuite de tourner l'extérieur de la boîte, et on la termine avec un ciseau à un biseau qui doit couper parfaitement. On termine aussi le couvercle en lui donnant une forme un peu convexe. Le diamètre de la boîte doit être le même partout.

Comme on a déterminé la hauteur de la boîte, on la détache de la même manière que le couvercle du reste du morceau de bois ; mais, auparavant, on la polit à la prêle à l'eau, ou avec le papier anglais. Si l'on se sert de la prêle, il faut attendre que la boîte soit sèche, parce que l'humidité ayant fait gonfler le bois, on ôterait difficilement le couvercle. On conserve le vif de l'angle du couvercle pour lui donner plus de grâce. Les choses étant en cet état, on donne le dernier coup à l'intérieur de la boîte, en la réduisant à une juste épaisseur, puis on arrondit encore un peu en venant au bord pour diminuer l'épaisseur de la boîte, et enfin on détache la boîte du reste du noyau.

On fait après cela, ou avec le reste du noyau, ou avec un autre morceau de bois, une espèce de couvercle dans lequel on remet la boîte, et on termine le dessous qu'on rend un peu concave. Il ne reste plus qu'à la polir, et elle est terminée.

Quelquefois, ce qui arrive surtout quand on se sert de bois précieux, le morceau n'a que la longueur suffisante pour faire le couvercle et la cuvette ; alors on peut employer deux moyens, qui sont, ou de mastiquer sur le mandrin, ou de faire entrer dans un mandrin creux la moitié de l'épaisseur de la cuvette ; cette dernière méthode est la meilleure ; dans ce cas, quand l'intérieur de la boîte et la gorge sont terminées, on fait sortir la cuvette du mandrin en introduisant un boulon dans l'écrou du mandrin. Il est une autre manière de faire sortir la cuvette du mandrin, et avec laquelle on ne craint pas de percer la boîte; c'est de dévisser le mandrin, de le mettre sur l'établi, de prendre une baguette de fer carrée par les bouts , d'appuyer l'un des bouts sur le bout du mandrin, de soulever un peu le mandrin en le tenant de la main gauche, et de frapper avec un morceau de fer. Par ce moyen le mandrin tombe avec la plus grande facilité; on pratique dans un autre mandrin une fausse gorge d'un diamètre égal à celui de l'intérieur de la boîte, et on place la boîte bien juste sur la fausse gorge en l'y faisant entrer jusqu'à ce qu'elle porte partout sur l'épaulement. On termine alors la partie qui était entrée dans le mandrin, faisant en sorte qu'on ne puisse apercevoir les traits de la reprise.

Si toutes ces opérations demandent beaucoup d'attention, elles ont aussi l'avantage d'accoutumer au maniement des outils , et de donner de la facilité pour les diriger, ce qui est très-précieux pour l'amateur. En général, quand on fait bien une boîte de bois commun, on peut sans crainte en entreprendre d'autres, soit de buis, soit de loupes de nos beaux bois indigènes.

SECTION XIX.

Manière de tourner une boîte destinée à recevoir une doublure et des cercles en écaille.

On ne double guère en écaille une tabatière de bois commun ; on choisit ordinairement pour faire des boîtes de cette espèce, une loupe d'érable, d'orme ou de frêne, mais particulièrement de buis, bois qui parfois présente des jeux de la nature qui sont de véritables tableaux.

On choisit donc une loupe dans laquelle il n'y

ai ni gros nœuds ni de trop fortes gerçures, et
on la scie sur son diamètre. On a soin de prendre pour le couvercle, le morceau qui présente
le plus beau veinage. Quand le bois est précieux
on le scie en rouelles auxquelles on donne l'é-
paisseur suffisante pour que l'un forme le couvercle et l'autre la cuvette. Quand on fait les
deux pièces avec le même morceau, on suit pour
le travail la méthode indiquée à l'article précédent.

On prend donc la rouelle qui doit former le
couvercle, on trace avec le compas sa circonférence, on l'arrondit le mieux possible avec la
râpe, et on la place dans un mandrin creux ; on
pourrait aussi la coller avec le mastic sur un
mandrin plat. On ébauche ce couvercle et on le
creuse de la manière que j'ai déjà dit, et avec
les mêmes outils ; on coupe les bords à angles
un peu rentrans, on aplanit le mieux possible le
fond et les côtés intérieurs, et on fait avec un
peigne, sur ces deux parties, quelques rainures
ou aspérités, qui en faisant prendre la colle,
consolident la jointure de l'écaille avec le bois.
Quand le couvercle est amené à ce point, on
s'occupe de la cuvette, qu'on place dans un
autre mandrin de même espèce que le premier,
et on la creuse de la même manière que le couvercle. On se souvient que cette cuvette ne doit
avoir que très-peu de hauteur plus que le couvercle, puisque la gorge doit être faite avec la
doublure.

On prend ensuite une batte que je suppose
être préparée d'avance. Si elle n'est pas juste
pour la boîte, on la met sur un mandrin bien
rond, on la tourne extérieurement jusqu'à ce
qu'on l'ait réduite au point nécessaire, et après
l'avoir dressée bien exactement par le bout qui

doit porter au fond, on y fait aussi quelques rayûres pour que la colle prenne mieux.

Après cela, on coupe les plaques au diamètre qu'elles doivent avoir pour entrer juste dans le fond du couvercle et de la cuvette.

On peut se servir d'un compas dont l'une des pointes est coupante, ou bien monter la plaque sur un mandrin à mastic et la réduire au point désiré avec un grain d'orge. On y fait aussi, ou avec une lime rude, ou avec le coin d'une gouge, quelques rayûres qui contribuent à faire prendre la colle.

Il s'agit maintenant de coller la doublure. On commence par le couvercle ; on fait chauffer de la colle dans laquelle on a mêlé un peu de vermillon, et on colle les battes et les plaques, ayant bien soin qu'il ne s'introduise aucune bavure de colle dans les pièces. Au reste, on peut parer à cet inconvénient en frottant les pièces avec de l'huile d'olive. Quand la batte est collée, et que le bout porte bien sur le fond, il suffit pour la contenir, de mettre dessus un morceau de planche, ou tout autre objet uni, qui ne soit pas trop lourd ; mais pour les plaques, on les fixe au moyen d'un petit cylindre du diamètre intérieur de la boîte, et un peu moins haut, que l'on fait entrer dedans, lequel cylindre est placé sous une petite presse faite exprès, qui peut contenir plusieurs boîtes à côté les unes des autres, et au haut de laquelle sont adaptées des vis de pression qui portent bien sur le milieu du cylindre. On peut aussi se servir de la presse des ébénistes.

Quand la colle est sèche, on remet la boîte sur le tour, et on tourne le dedans très-exactement avec un outil de côté, conservant à la gorge une épaisseur proportionnée au diamètre de la boîte ; sa hauteur doit être telle qu'elle ne touche pas tout-à-fait au fond du couvercle ; on polit le dedans de la boîte avec de la pierre ponce réduite en poudre un peu fine et de l'huile, et on finit le poli avec du tripoli d'Angleterre broyé à l'eau. On termine l'intérieur du couvercle de la même manière, et avec les mêmes précautions. Il est bon aussi de prêter la gorge ; par ce moyen elle entre plus facilement dans le couvercle.

Enfin pour donner la dernière façon, on fait entrer la gorge de la boîte dans un mandrin fait exprès, on la met au tour, et on la termine sur l'extérieur et sur le dessous.

Au lieu d'écaille, on se sert parfois de fanons de baleine pour faire les battes des couvercles de tabatières ; cette méthode est bonne particulièrement en ce qu'on peut donner à la batte plus d'épaisseur, et par conséquent plus de solidité. J'ai donné dans un autre endroit la manière de souder l'écaille et la corne.

Quand on veut orner la boîte de cercles, on forme avec un petit bédane, autour du couvercle et sur le bord, sans nuire à sa solidité, une rainure un peu plus creuse au fond qu'à l'entrée, afin que le cercle tienne plus solidement.

On tourne ensuite un mandrin en forme de cône alongé, et qu'on nomme *triboulet*, on place dessus un cercle d'écaille, d'un diamètre suffisant pour qu'il puisse entrer avec un peu de force sur la rainure, et on le coupe bien droit des deux côtés. On le retire ensuite de dessus le triboulet, on l'amollit un peu dans l'eau chaude et on le fait entrer avec précaution dans la rainure qu'on a auparavant garnie de colle forte un peu claire. Le cercle doit poser exactement sur le bois, tout autour du couvercle. Quand la colle est sèche, on tourne le cercle au rond, surtout à la partie qui doit appuyer sur l'épaulement de la gorge. On opère de la même manière pour le cercle qui doit être mis à l'angle extérieur du fond de la tabatière.

Il est un peu difficile de mettre des cercles sur le dessus du couvercle, il faut même être bien exercé pour réussir. La rainure qui doit être très-nette et un peu profonde, se fait avec un bédane très-étroit et bien trempé. On tourne sur le triboulet un cercle dont l'épaisseur doit entrer dans la rainure, et on le colle dans cette rainure en appuyant sur toute la circonférence de la pièce, pendant qu'elle tourne. Quand les cercles sont secs, on les affleure, et on finit de polir toute la surface du couvercle.

SECTION XX.

Manière de tourner les boules.

La boule, ou sphère, est une figure dans laquelle tous les points du centre à la surface sont parfaitement égaux ; c'est précisément cette égalité qu'il est difficile de trouver, et c'est aussi ce qui fait qu'on parvient rarement à faire une boule parfaitement ronde.

On peut faire des boules avec toute espèce de bois, on en fait aussi d'ivoire ; mais comme ces dernières sont plus précieuses, ce n'est pas par elles que l'amateur doit commencer.

Pour faire une boule, on commence par tourner, sur le tour en l'air, un cylindre dont le diamètre doit être le même que celui qu'on veut donner à la boule. On coupe ce cylindre à angles droits par le bout à droite, on le place sur un mandrin fendu, ou même sur un mandrin ordinaire, et on donne à la pièce sur la longueur, le même diamètre qu'elle a sur l'épaisseur, c'est-à-dire le diamètre que doit avoir la boule, ayant soin de couper aussi ce côté à angles bien droits. On s'assure ensuite, au moyen d'un compas d'épaisseur, si la hauteur est bien égale au diamètre du cylindre, et on fait avec un grain d'orge ou un crayon, un trait bien fin au milieu de la longueur. (Voyez le compas d'épaisseur, *Pl.* III, *fig.* 60.)

On creuse un mandrin de longueur suffisante pour que le cylindre puisse y entrer sur sa longueur; on s'assure d'abord si le cylindre est pris dans le mandrin avec une justesse telle qu'une moitié soit en dedans et l'autre en dehors; ou vérifie ensuite si le cylindre tourne droit, et on commence l'opération. Il est beaucoup mieux de ne pas faire entrer tout-à-fait la moitié du cylindre dans le mandrin.

On emporte d'abord avec un ciseau bien affûté, et très-doucement, tout ce qui fait angle; et on continue à enlever du bois jusqu'à ce qu'on ait atteint le cercle que j'ai dit, plus haut, avoir été tracé au milieu du cylindre; mais il faut atteindre ce cercle d'une manière si exacte, et veiller que l'outil ne pénètre pas sur une partie plus avant que sur une autre. Si l'opération est bien faite, la moitié du cylindre présentera une demi-sphère très-régulière. On prend ensuite un autre mandrin creusé exprès, de manière que la demi-boule y entre serrée, et que la partie du cylindre, qui n'est pas tournée, porte juste sur les angles intérieurs du mandrin. On fait entrer bien juste presque la moitié de la boule terminée dans ce cylindre, et on arrondit l'autre avec les mêmes précautions que la première. La boule, ainsi faite, est parfois aussi ronde qu'il est possible de la faire, mais bien souvent elle offre des inégalités qui peuvent venir de plusieurs causes, comme, par exemple, de la défectuosité du mandrin, du défaut d'assurance de la main, ou du manque de justesse de l'arbre.

Pour vérifier si une boule est bien ronde, on la remet sur le tour dans un mandrin, mais sur un autre sens que celui sur lequel elle a été tournée; on approche un outil qui doit à peine l'effleurer; si l'outil ne prend pas plus sur une partie que sur l'autre, c'est une preuve que la boule est bien ronde; mais il est rare qu'on obtienne un tel résultat.

Quand la boule est de bois, et qu'elle est destinée pour un petit jeu de quilles, pour un bilboquet ou autre chose semblable, on prend peu garde aux irrégularités qui peuvent s'y trouver; mais il n'en est pas de même pour les boules d'ivoire, et surtout pour les billes de billard qui ne sauraient jamais être tournées d'une manière trop régulière.

Les défauts qui se rencontrent dans une bille, viennent souvent de la manière dont elle a été tournée; parfois aussi on doit les attribuer à la nature de l'ivoire, qui, quoique très-compacte, éprouve en se desséchant une espèce de resserrement qui lui fait perdre sa forme primitive, d'où il résulte qu'une bille d'abord bien ronde, cesse de l'être au bout de quelque temps, et devient même ovale. Dans ce cas, il n'est qu'un seul parti à prendre, c'est de remettre la bille au tour, et alors on se sert d'un mandrin de nouvelle espèce, dont voici la description :

On prend un morceau de bois un peu dur, et on en fait un mandrin qu'on creuse intérieurement de manière à lui donner la forme de la moitié de la bille. On pratique sur le bord extérieur du mandrin une gorge un peu forte, semblable à celle d'une tabatière, et sur cette gorge, on fait une vis dont on verra l'emploi un peu plus bas. On fait ensuite un autre mandrin qui doit servir de couvercle au premier, qui est creusé au même diamètre et à la même profondeur, et qui a en dedans, à son entrée, une portée dans laquelle doit entrer la gorge du premier mandrin; cette portée est vissée, afin qu'elle prenne plus juste. Pour terminer le mandrin, ou plutôt le couvercle, on le met dans un autre mandrin, ayant soin de le visser, et on enlève le bois du fond, de manière à ce qu'il ne reste plus sur le mandrin qu'un anneau au-dedans duquel se trouve la portée. Ce mandrin, en deux parties, étant terminé, on met la bille dans la partie creuse, on applique le couvercle dessus, et on le serre avec la vis dont j'ai parlé plus haut. On a dû laisser au couvercle assez de force pour que la pression de la vis ne le fasse pas casser. On conçoit que la bille se trouve par ce moyen serrée dans le mandrin, et qu'il n'en paraît extérieurement qu'une partie qui peut équivaloir au tiers de la bille. Pour que la bille ne tourne pas sur elle-même, on peut frotter l'intérieur du mandrin avec un peu de blanc d'Espagne.

Avant de mettre la bille dans le mandrin, on s'assure des endroits où elle présente des défectuosités: pour y parvenir, on passe cette bille sur tous les sens, dans une planchette mince, ou bien dans une plaque de cuivre où l'on a fait un trou, exactement du même dia-

mètre que celui de la bille, et on marque avec
un crayon toutes les inégalités; il est bien clair
que ce sont les parties où se trouvent ces inégalités qui doivent être placées les unes après
les autres à l'extérieur du cylindre. Cette opération demande beaucoup d'adresse et de précautions. Il faut bien se garder de prendre avec
l'outil trop de matière, car autrement, on for-
cerait la bille à tourner sur elle-même, ce qu'il
faut éviter.

On peut aussi se servir pour faire des boules
sur le tour en l'air, du mandrin à queue de
cochon; mais cette méthode présente un grand
inconvénient, surtout pour les boules d'ivoire;
c'est qu'on ne peut s'empêcher d'y laisser la
marque du trou qui a été fait pour introduire
la queue de cochon, ce qui est un défaut véritable. Il est cependant un moyen de remédier
à cet inconvénient, c'est de tenir le morceau
destiné à faire la boule un peu plus long que le
diamètre qu'on veut donner à la boule; mais
alors aussi on éprouve une perte qui est trop
grande, surtout si on se sert d'une matière précieuse. On ne peut donc employer la queue de
cochon que pour des boules ordinaires, et
alors, il vaut autant se servir du tour à pointes
sur lequel on peut faire des boules très-rondes,
et qui n'ont d'autres défauts que de montrer
les trous des pointes.

SECTION XXI.

Manière de faire des serpens.

Pour faire ces serpens que tout le monde
connaît, on choisit un morceau de corne d'Ir-

lande, autant qu'il est possible de couleur
grise, veinée de clair et de brun, et qui surtout soit bien plein d'un bout à l'autre; on
donne à ce morceau de corne qui doit avoir
quatre à cinq pouces de longueur, indépendamment de la queue qui se rapporte ensuite,
on lui donne, dis-je, la figure d'un serpent;
et pour cet effet, on le monte dans un mandrin par la partie qui doit former la tête, on
le place sur un tour en l'air, et on fait au
centre un trou auquel on donne deux ou trois
lignes de diamètre, suivant la longueur et la
grosseur qu'on veut donner au serpent. Cette
première opération terminée, on démonte le
morceau de corne, et on le fait tremper dans
l'eau. Quand il est devenu assez mou, on le
remet au mandrin, et on le dresse parfaitement, afin qu'il tourne bien rond; l'état où se
trouve alors la corne, demande beaucoup de
précaution.

On se sert ordinairement, pour ce genre de
travail, du support à chariot; mais comme tous
les amateurs n'en ont pas, je me bornerai à
donner la manière de faire les serpens avec un
tour en l'air ordinaire, et un support qu'on peut
facilement établir soi-même.

Le cylindre de corne étant, comme je l'ai
déjà dit, percé très-droit à son centre, on introduit dans le trou une broche de fer taraudée depuis un bout jusqu'à l'autre, d'un pas
fin, et qui doit remplir exactement le trou. La
vis passe dans un écrou de cuivre, et la broche
dans une poupée à collets. On fait mouvoir le
tout au moyen d'une roue. La clé d'arrêt étant
baissée, l'arbre qui tourne continuellement,
est appelé par la broche à vis qui n'avance que
lentement vers la droite de l'ouvrier. L'outil

dont on se sert, et qui doit avoir son tranchant
incliné, porte sur un support dont le montant
assemblé dans la semelle doit être très-solide,
afin que l'outil lui-même ne puisse vaciller ;
on le fixe au moyen de deux vis de pression,
dans une coulisse qui est solidement attachée
sur le haut du support. L'outil doit entamer à
la fois depuis la circonférence jusqu'au centre,
car cette opération ne peut être faite à deux reprises. D'après cette disposition, le tour étant
mis en mouvement, et l'outil placé convenablement, le serpent se fait avec la plus grande
facilité, car la broche à vis appelle le cylindre
et le tour qui peut s'avancer entre les coussinets, et fait parcourir à l'outil le cylindre de
corne dans toute sa longueur.

Quand cette opération est terminée, on ôte
la pièce de dessus le tour, et on donne à la
tête une forme aussi naturelle qu'il est possible
de le faire ; et pour que ce travail soit plus facile, on met le serpent dans un mandrin fendu,
le saisissant à la partie la plus élevée de la tête
qui doit rester pleine et de forme cylindrique.
On bouche le trou de la queue, en collant dessus un petit bouton, qui doit être un peu
alongé et se terminer en rond. On fait la gueule
en fendant la tête avec une scie à denture fine ;
on colle ordinairement dans cette gueule, un
petit morceau de drap rouge pour y faire une
langue. Avec un foret, on perce en rond deux
trous dans lesquels on incruste deux petits
globes noirs entourés de blanc, et qui forment
les yeux.

On peut faire de ces serpens qui, alongés,
aient jusqu'à cinq pieds de longueur ; on les
conserve ordinairement dans des étuis de bois.
(Voyez un serpent, *Pl.* III, *fig.* 44.)

Autre manière.

Il est une autre manière bien plus simple de faire les serpens, et pour laquelle un seul instrument suffit; on a un vilebrequin de forme ordinaire: dans la boîte de ce vilebrequin, on fait entrer une espèce de mandrin dont la tige est carrée; la tête doit être fendue suivant sa longueur, et à une portée suffisante pour embrasser le morceau de corne qui doit faire le serpent, et qui est percé comme je l'ai déjà dit; comme pendant l'opération les filets pourraient se mêler et même se casser, on introduit dans le trou du cylindre, une broche de fer qui doit le remplir d'un bout à l'autre.

Au moyen de trois vis à bois, on fixe sur une cale de bois, qui peut prendre dans une poupée à lunette, ou entre les mâchoires d'un étau, une espèce de fer à cheval d'acier, épais d'une ligne, et fendu suivant sa longueur, jusqu'à un trou circulaire dont le centre est lisse et les bords sont arrondis, pour que le frottement soit plus doux quand on y introduit la broche; le côté droit du fer à cheval, qui forme avec l'autre côté un angle aigu, vient un peu en avant, en gauchissant vers le haut; le côté gauche, au contraire, est appliqué sur le plan de la cale, ce qui forme un V très-aigu; le côté droit, affûté en forme de couteau, doit couper très-bien et très-finement. L'oblique des rondelles est le résultat de l'inclinaison du côté droit du fer à cheval; pour découper le serpent, il suffit de faire entrer la broche dans le trou en appuyant contre la poignée du vilebrequin, et en tournant de gauche à droite; l'épaisseur des rondelles est terminée par l'é-

cartement des deux côtés; par ce moyen on
fait en très-peu de temps un serpent qu'on
peut donner à très-bon marché (Voyez *Pl.* II,
fig. 27.)

Manière de faire un métier à broder.

Le métier dont je vais donner la description
est assez compliqué, et demande quelques détails qui ne peuvent être qu'avantageux pour
les amateurs, car celui qui aura fait un métier de cette espèce, pourra, sans crainte, en
entreprendre un autre, quelle que soit sa structure.

On prend deux morceaux d'acajou, de bois
de rose ou même de noyer, de longueur proportionnée à la grandeur qu'on veut donner
au métier, et on en fait, au tour, deux cylindres auxquels on donne communément dix-
huit à vingt lignes de diamètre, et quatre et
même cinq pieds de longueur; aux bouts de
ces cylindres, qu'on nomme en terme de l'art
ensuples, sont placées de fortes viroles de cuivre
sur lesquelles sont soudées deux roues à rochet,
dentées en sens contraire. Un tourillon de fer,
dont le collet est tourné bien rond, traverse
le centre des ensuples et des rochets, et passant dans le bout des deux traverses, est arrêté extérieurement par un écrou à oreilles;
près des extrémités des traverses, sont placés
deux cliquets dont la dent prend dans les dents
du rochet, et le retient au point où l'on veut
le mettre.

On s'occupe après cela des deux traverses dans

l'épaisseur desquelles passent les boulons à vis qui sont fixés aux ensuples.

On fait ensuite, en cuivre, deux pièces ayant la forme qu'on voit *Pl.* II, *fig.* 58, on dresse ces pièces le mieux qu'il est possible, et on les polit.

Après cela on fait le pied, qui est composé, 1° de deux montans auxquels on peut donner le profil qui convient le mieux, et qui sont assemblés par le bas, à tenons et à mortaises; 2° d'une traverse qui entre à tenons dans les montans, et dont les bouts sont fixés par un boulon de fer taraudé recevant un écrou; 3° d'une tablette ayant un rebord, et placée en dessous du métier et en haut du pied, et fixée dans les montans par des tenons et des mortaises; c'est sur cette tablette qu'on place les bobines, la soie, les ciseaux, et en général tout ce qui est nécessaire, soit pour broder, soit pour faire la tapisserie.

On conçoit aisément que par le moyen des deux ensuples, montés comme je l'ai dit, sur deux traverses, on peut tendre l'étoffe sur sa longueur; mais il faut aussi pouvoir la tendre sur sa largeur; on peut y parvenir de différentes manières. La plupart des personnes qui brodent se contentent de bâtir sur la lisière de l'étoffe, un ruban de fil, et de passer dans ce ruban des lacets ou des cordons qu'ils attachent sur les traverses; mais quand on veut que tout réponde à l'élégance du métier, on pratique des crochets d'acier et des vis à écrous.

Ce métier est plus commode que les autres, d'abord, parce qu'ayant des pieds, on n'est pas obligé de recourir, pour le monter, à des tréteaux qui sont toujours embarrassans; mais en second lieu, parce qu'il a la faculté de s'incliner à la volonté de la personne qui s'en sert, ce qu'on ne trouve dans aucun autre; il est aussi fort agréable, quand on quitte l'ouvrage, de laisser ses aiguilles, son étui et tous ses petits ustensiles dans une place où l'on est assuré de les retrouver quand on se remet au travail.

Quelques observations sur les métiers à broder, les dévidoirs, les rouets à filer.

En parlant des différens objets qui se confectionnent sur le tour à pointes, j'ai donné la manière de faire un rouet à filer et un dévidoir; comme il suffit de voir les différentes formes données à ces sortes d'ouvrages, et de connaître les pièces qui les composent, pour les imiter, je ne crois pas devoir donner ici de nouveaux modèles ni de nouvelles méthodes; je me bornerai donc à dire que ces dévidoirs, ces rouets, etc., se font aussi au tour en l'air, et avec beaucoup plus de facilité que sur le tour à pointes. J'en dirai autant des métiers à tapisserie et à broder.

Il est incontestable que pour bien exécuter un morceau, pour peu qu'il soit compliqué, il est nécessaire de le voir et d'en étudier le mécanisme, et que les figures seules sont rarement suffisantes. J'engage donc les commençans surtout, à ne jamais entreprendre une pièce un peu difficile, sans l'avoir bien étudiée auparavant.

Par le même motif, je me suis contenté de donner la manière de fabriquer un nécessaire de dames seulement. Je pourrais ajouter que les bornes de mon ouvrage ne me permettent pas de traiter en détail un sujet si fécond, et qui tient autant à l'art du tabletier qu'à celui du tourneur.

SECTION XXIII.

Manière de faire un flageolet.

On prend deux morceaux de buis, ou bien de bois des îles, de grosseur et de longueur convenables; on les met sur le tour à pointes, et on les ébauche, ayant soin de les laisser un peu plus longs et un peu plus gros que la pièce ne doit être quand elle sera terminée. On perce ces deux morceaux à la lunette (on doit se servir d'une lunette de bois); quand ils sont ainsi préparés séparément, on les réunit pour terminer l'instrument. On fait quelquefois les flageolets d'une seule pièce, mais ils sont rarement justes.

Des deux morceaux qui composent le flageolet, l'un se nomme la tête, et l'autre le corps. La tête A, *Pl.* II, *fig.* 28, porte le bec B, la lumière et le coupe-vent C. Sur le corps sont percés six trous, quatre en dessus et deux en dessous. On voit au-dessous de la figure une ligne divisée marquant les points où doivent se percer les trous, et donnant le diamètre précis de ces même trous qui sont tous d'égale grandeur, à l'exception de celui du milieu. Quand ces trous sont percés, on s'occupe de la tête.

On tourne un bouchon de forme un peu conique, et d'une longueur égale à la distance qui existe entre les lettres *a* et *b*; on l'introduit dans la tête du flageolet qu'il doit remplir le plus exactement possible, afin que l'air n'y puisse passer. Quand on s'est assuré que ce bouchon remplit bien le trou, on le retire, et on fait à sa place, dans l'extérieur du flageolet, une rainure qui se prolonge un peu plus loin que le point *b*. Pour que le bouchon entre dans cette rainure, on fait sur toute sa longueur une levée de la même largeur.

On prend ensuite un foret très-fin, et on perce deux trous au point *b*, sur l'extérieur du tube, et partant ensuite de ce point, on forme transversalement, avec une échoppe bien affûtée, une ouverture oblongue, et perpendiculaire à la surface extérieure. L'échoppe doit être de la même largeur que l'ouverture, et cette largeur est indiquée sur la figure; on fait ensuite avec le même outil, le biseau qui suit l'ouverture, et qu'on appelle communément *coupe-vent*. L'angle formé par ce biseau et le bout de la rainure, doit être ménagé avec beaucoup de soin; car pour peu qu'il fût endommagé, il serait impossible de tirer de l'instrument des sons purs.

On place après cela le bouchon, de manière que l levée faite sur sa longueur, s'accordant parfaitement avec la rainure, il se trouve naturellement un canal par où l'air doit passer.

Quand la colle dans laquelle on a trempé le bouchon est sèche, on creuse le dessous du bec, et on lui donne avec une râpe et des limes le contour qui convient le mieux, ayant soin cependant que le bout du bec se termine de manière à ce qu'on puisse le saisir facilement entre les lèvres.

Quand on veut garnir le bec, les extrémités et les parties des pièces avec des cercles d'ivoire, on ébauche séparément l'extérieur de chaque pièce, on colle dessus des viroles d'ivoire, et on les tourne en terminant le flageolet.

Je ne dis rien de la forme de l'instrument, la figure l'indique assez.

Manière de tourner un balustre.

Les balustres qu'on tourne sur le tour en l'air doivent être de petite dimension, car on se sert du tour à pointes pour ceux qui sont d'une certaine grosseur, et qui sont destinés, soit pour un escalier, soit pour une rampe, etc.

On prend un morceau de bois bien sain, ou l'ébauche, on le met sur le tour dans un bon mandrin, et on en forme un cylindre auquel on conserve la grosseur de la panse. Ensuite avec un bon compas, on prend la mesure du listel et de la plinthe, qui sont les parties les plus grosses du balustre après la panse. On marque la largeur du listel, c'est-à-dire du réglet étroit qui forme le haut du balustre, avec l'angle du ciseau, et on donne à ce trait à peu près la profondeur qu'il doit avoir, observant de couper le bois bien net et à angles très-droits, ce qui demande un outil parfaitement affûté. On tourne ensuite le cylindre, et on le réduit par le bout à la grosseur du carré qui doit être fait après; mais il faut que le bois, jusque contre le trait dont j'ai parlé, soit coupé avec tant de netteté, que le côté du listel et la surface du carré aient reçu le poli suffisant après avoir été tournés; pour atteindre ce but, il faut avoir soin, en coupant le bois, de coucher les fils.

On marque la largeur du carré, et on l'approfondit, en conservant bien exactement à l'outil, relativement à la pièce qu'on tourne, la même inclinaison; c'est le moyen de couper les angles bien droits.

Après le carré, vient un quart de rond dont on prend la hauteur et la largeur, et qu'on approfondit aussi avec le ciseau. Ensuite on forme le petit filet qui doit être en dessus, en coupant le bois bien net, jusque contre le trait du ciseau. On termine le quart de rond avec un ciseau étroit. Il faut bien se garder de tourner le ciseau à chaque coup de pédale, car on formerait autant de petites côtes qu'il ne serait pas facile de faire disparaître; cette opération par elle-même présenterait beaucoup de difficultés. Pour obvier à cet inconvénient, on tourne l'outil pendant que la pédale descend; on ne doit se servir que de l'angle inférieur de l'outil. Par fois un ciseau ordinaire est trop gros pour la pièce qu'on veut confectionner, alors on peut le remplacer par une espèce de bédane, dont le biseau est fort étroit, en ayant soin d'approcher le support très-près de la pièce.

Après le petit filet dont je viens de parler, vient le collet du balustre; immédiatement après le collet, on forme un petit carré ou listel qu'on approfondit, en coupant le bois de manière à venir exactement au diamètre du carré. Cette opération terminée, on retourne au filet qu'on a laissé carré, et on l'arrondit de chaque côté. On détermine ensuite le carré de dessous, et la largeur du collet, en coupant le bois très-vif et très-droit, du côté des moulures.

On en vient ensuite à la pause. On commence par ébaucher le col à peu près à sa grosseur, et partant du petit carré qui est au-dessous du collet, on détermine la hauteur de la panse, jusqu'au petit carré qui doit être fait au-dessous. Alors on tourne la totalité de la panse, suivant la forme qu'on veut lui donner. On fait ensuite les deux petits carrés, et la baguette qui se trouve au milieu, de la manière que j'ai détaillée. Il est facile maintenant de tourner, suivant les proportions, et d'après la forme adoptée, la gorge, le carré, le tore et le grand carré qui sert de base au balustre.

Pour faire une pièce de ce genre bien exactement, il est bon de la dessiner dans toute sa grandeur sur un papier un peu fort, et de mesurer souvent à mesure qu'on tourne les différentes parties du balustre.

Si l'on faisait plusieurs balustres de la même espèce, destinés à une petite galerie, ou autre ouvrage de ce genre, on ménagerait assez de bois pour faire un tenon, par le haut et par le bas. (Voyez *Pl.* II, *fig.* 5o.)

SECTION XXV.

Manière de tourner un vase.

Pour tourner un vase dans la forme de celui qu'on voit *Pl.* II, *fig.* 5t, on prend un morceau de bois de longueur et de grosseur convenables : on l'ébauche, et on lui donne sur le tour la forme d'un cylindre. On marque avec l'angle aigu d'un ciseau, d'abord la longueur totale du vase, et ensuite toutes les parties qui doivent le composer ; on les ébauche les unes après les

autres, avec des gouges de grosseur convenable,
et quand les grosses masses ont été dégrossies,
et qu'on a préparé de loin les moulures, on
tourne à peu près à son diamètre, le carré qui
forme le pied du vase, ainsi que le petit carré
ou listel qui doit être en dessus. On met aussi,
à peu de chose près de sa grosseur, le point où
le bout de l'œuf doit être placé. Ensuite on
tourne le carré, et on fait le réglet d'où doit
partir la doucine qui conduit insensiblement/
au bord du vase. Pour toutes ces opérations,
on suit la méthode que j'ai indiquée pour les
balustres; il est également bon de dessiner la
figure du vase sur du papier, et de mesurer
souvent en tournant chaque partie de la pièce.
Il faut bien faire attention que le bout de la
gouge doit être présenté de côté, en appuyant
le dessous contre la pièce, de manière à ce
qu'on n'aperçoive aucune reprise. Pour y réussir, il suffit de ne pas changer l'outil de face.
On sait qu'une gouge présentée au bois de
côté, produit l'effet d'un ciseau qui coupe de
biais, et que le bois pris alors obliquement à
ses fibres, se coupe beaucoup mieux et plus
uniment que lorsqu'on le prend de face.

On peut creuser un vase de cette espèce, et
s'en servir, par exemple, pour mettre des fleurs,
mais alors on le double en plomb.

SECTION XXVI.

Manière de faire une chaîne.

Quand on veut faire une chaîne, on commence par tourner un cylindre, dont la longueur doit être calculée sur le demi-diamètre

extérieur d'un des anneaux, multiplié par le nombre des anneaux qui doivent composer la chaîne, et un en sus. Pour faire une chaîne de six anneaux, ayant six lignes de diamètre, on tournera donc un cylindre de vingt et une lignes de longueur, et d'un diamètre excédant un peu celui des anneaux; on doit avoir soin de tracer auparavant sur du papier la chaîne, et de déterminer le nombre et le diamètre des anneaux.

Avec un compas, ou plutôt avec un diviseur, on divise la longueur du cylindre en sept parties égales, et par chacun des points de division, on trace légèrement avec la pointe d'un grain d'orge, les cercles perpendiculaires et parallèles à l'axe, 1, 2, 3, 4, 5 et 6 (Voyez *Pl.* III, *fig.* 55); on divise ensuite chacun des bouts en quatre parties égales, par chacune desquelles on mène les parallèles à l'axe. A côté de ces quatre lignes, on en tire quatre autres, distantes des premières de l'épaisseur qu'on a déterminée pour les anneaux.

Toutes ces opérations étant terminées, on prend le cylindre dans un étau, parallèlement à son axe, et de manière que les lignes A et B se trouvent en dessus; puis on donne un trait de scie en dehors de la ligne A, et un autre en dehors de la ligne B, en se dirigeant sur la partie de ces deux lignes renvoyée sur les bouts du cylindre *fig.* 57, et on s'arrête aux points *a* et *b*. On répète quatre fois cette opération, en ramenant successivement en dessus les lignes de division tracées sur la longueur du cylindre.

Le cylindre présente alors deux lames qui se coupent à angles droits par leur milieu; et sur le champ de ces deux lames, qui sont absolu-

ment de même épaisseur, subsistent les divisions 1, 2, 3, 4, 5 et 6, qui partageaient dans
le principe la longueur du cylindre en parties
égales.

On saisit une des lames dans un étau, en faisant appuyer les deux lames transversales sur
les mâchoires, et on donne, perpendiculairement, trois traits de scie sur la lame supérieure,
aux points 2, 4 et 6, distans l'un de l'autre du
diamètre d'un des anneaux; on la retourne ensuite dans les mâchoires de l'étau, pour en faire
autant sur la lame qui y était pincée, et on
répète la même observation sur les deux autres
lames, mais en donnant les traits de scie sur les
points 1, 3, 5.

Pour abattre les angles des portions des lames
séparées de la manière que je viens de dire, on
place une scie à peu près au quart de la longueur, et en la dirigeant à quarante-cinq degrés vers le trait de la scie le plus voisin, on
enlève l'angle. On ne saurait apporter trop de
soin pour opérer bien exactement, car si on
emportait trop de bois, la pièce serait perdue.
Il faut donc mesurer souvent. On peut même,
ce qui est en même temps plus sûr et plus commode, se faire un calibre.

Quand ces portions de lames sont séparées
et préparées, on trace dessus les anneaux, dont
les circonférences intérieures et extérieures
doivent être exactement concentriques. Le centre de tous ces anneaux se trouve à l'embran-
chement des traits de scie qui séparent ceux de
l'autre rangée, et réciproquement.

D'un de ces points, comme centre, on trace
définitivement la circonférence extérieure d'un
des anneaux, et on rapproche la pointe mou-
vante du compas, de toute l'épaisseur de la

lame, pour tracer la circonférence intérieure.
On en fait autant sur les six anneaux, et ensuite on les arrondit extérieurement avec des limes.

Pour éviter l'intérieur, il faut d'abord percer des trous avec un foret d'une ligne, aux points *a b c d*, où les portions de cercles indiquant la circonférence intérieure de chaque anneau viennent aboutir sur l'autre lame. On enlève ensuite la matière contenue en dedans du trait, avec une scie à marqueterie. (Voyez cette scie, *Pl*. III, *fig*. 58.) Pour épargner les anneaux qui sont très-fragiles, on en saisit une rangée entre deux fausses mâchoires en bois, et on enfile successivement la lame de la scie dans tous les trous percés à la partie qui se présente au-dessus de l'étau, et on répète la même opération sur les deux rangées. Quand l'opération est bien faite, les filets presque évidés ne restent plus joints que par un filet carré qu'on enlève facilement, en passant obliquement du dedans en dehors, la scie de marqueterie. Comme il reste toujours quelques inégalités occasionées par le passage de la scie, on les fait disparaître avec la lime, et pour y réussir avec plus de facilité, on saisit tous les anneaux les uns après les autres, dans la mâchoire de l'étau, et on a soin de prendre toutes les précautions nécessaires pour ne briser ou n'endommager aucun des anneaux.

Quand tous les anneaux sont ainsi détachés et préparés, on prend un mandrin dont la profondeur est égale au diamètre de ce même anneau, et ayant sur sa face antérieure une portée creusée au tiers de l'épaisseur des anneaux; c'est dans cette portée que se met l'anneau qu'on veut tourner. Les anneaux voisins sont reçus dans une ouverture pratiquée sur la circonférence du mandrin; on attache les autres autour du mandrin. On maintient l'anneau placé dans la portée, avec une bague de cuivre, que l'on serre à volonté avec une vis, et qu'on ôte entièrement toutes les fois qu'on change l'anneau. L'anneau doit être placé dans la portée de manière à ce qu'il l'excède d'environ les deux tiers de sa hauteur.

Toutes ces précautions étant prises, on monte le mandrin sur le nez de l'arbre, et on approche le support, qu'on fixe à une distance suffisante pour qu'il ne touche pas les anneaux.

On dresse ensuite l'anneau intérieurement et extérieurement avec un petit ciseau à un biseau. En commençant, on place l'outil au-dessus des anneaux placés dans l'entaille, et pour ne pas briser ces anneaux, dans le cas où l'arbre ferait plus d'une révolution, on prend une corde, on attache l'une des extrémités à la face antérieure de la grande poupée, et on place l'autre extrémité dans un trou peu profond pratiqué dans la rainure de la poulie; on fixe la corde sur ce bout par une cheville ordinaire, mais l'autre bout doit être attaché à une cheville semblable à celle d'un violon, et qui puisse se mouvoir à volonté. Cette corde se roulant sur la poupée quand on met le tour en mouvement, limite la révolution de l'arbre.

On opère de même pour tous les anneaux, qu'on aura soin de tenir réguliers et égaux autant qu'il sera possible, on y parviendra en se servant du calibre dont j'ai déjà parlé.

Quand tous les anneaux sont terminés sur une face, il faut les tourner sur l'autre; mais comme la partie pratiquée dans le premier mandrin se trouverait trop large, on se fait un second mandrin, absolument de la même forme que le premier ; on opère aussi de la même manière que la première fois; on abat ensuite les angles intérieurs et extérieurs, et on achève d'arrondir les anneaux avec un outil à mouchette. Quand enfin les anneaux sont bien arrondis, et qu'il n'y reste plus ni angles, ni aspérités, on les polit avec de la prêle ou du papier de verre. (Voyez *Pl. III, fig.* 55.)

La méthode que je viens de donner pour faire des chaînes, m'a paru fort bien raisonnée et fort bien calculée; c'est celle qui est indiquée dans le manuel de Bergeron, deuxième édition, et c'est de cet auteur que je l'ai empruntée, à peu près textuellement.

Manière de faire des pas supplémentaires à gauche et à droite.

Le nombre des pas de vis tracés sur l'arbre d'un tour en l'air, est ordinairement proportionné à la longueur de ce même arbre, et sur l'arbre le plus long il ne se trouve jamais plus de sept pas de vis. Il est donc nécessaire d'avoir un moyen de faire des vis de plusieurs autres dimensions, et surtout celles qu'on nomme vis à gauche.

D'après la description que j'ai donnée de l'arbre du tour en l'air, on sait que sur le bout opposé à celui sur lequel se placent les mandrins, est pratiquée une vis, et que cette vis tourne dans un sens contraire à celle faite sur le nez de l'arbre, et par conséquent opposé à tous les pas tracés sur ce même arbre.

Quand on veut donc faire sur le tour des pas supplémentaires, on commence par fabriquer une petite poupée qu'on peut, si l'on veut, adapter à la poupée du tour au moyen de quelques vis à bois, mais qu'il est mieux de placer isolément. Au milieu de cette poupée, et sur sa hauteur, est pratiquée une rainure un peu profonde, dans laquelle est fixée, au moyen d'une goupille, une clé de bois qui sert à faire avancer ou reculer l'arbre. La poupée doit aller presque juste, sous la vis de l'arbre.

Quand cette poupée est faite, on prend un tuyau de cuivre, de deux à trois pouces de longueur, et dont le diamètre est de douze à quinze lignes; le trou qui est au milieu de ce tuyau, et qui le traverse dans toute sa longueur, doit être de grandeur suffisante pour qu'après avoir été taraudé, il entre juste sur la vis du bout de l'arbre. (Je ne crois pas avoir besoin de répéter que le bout de l'arbre dont je parlerai, est celui qui est opposé au nez de l'arbre.) Avant de tarauder ce tuyau, on l'arrondit bien exactement dans l'intérieur, et on s'assure que vissé sur l'arbre, il se trouvera toujours au même point : opération minutieuse et qui demande beaucoup de précaution; il est même bon de faire un repère.

Quand on est assuré que le tuyau s'adapte bien juste à la vis de l'arbre, on le tourne à l'extérieur sur l'arbre même, et on lui donne une figure cylindrique, la plus exacte possible. Ces dispositions préliminaires étant terminées, on prend avec un compas, sur la vis qu'on veut former, la distance qui se trouve entre chaque pas de cette même vis, ce qui doit former sa longueur; et on trace cette longueur sur le tuyau, avec un grain d'orge. On marque par des points cette même longueur sur un morceau de papier, dont on fait le parallélogramme *a c b d.* Le grand côté *a c* doit être égal à trois fois le diamètre du cylindre sur lequel il doit être appliqué. On marque sur l'un et l'autre des petits côtés *a b* et *c d* la distance qui se trouve entre chaque pas de la vis modèle, et qu'on a dû prendre avec un compas, ainsi que nous venons de le dire. On a de la sorte sur le côté *a b* les points *i k l m,* et sur le côté *c d* les points *e f g h,* également espacés. On tire de *a* à *e* une ligne inclinée ; puis une autre parallèle de *i* à *f,* une troisième de *k* à *g u,* ainsi de suite par les points *l h, m d.* On applique, en le collant avec de la colle claire, et en le posant bien carrément, ce papier sur le cylindre qu'il doit embrasser dans son entier, la ligne inclinée se rencontrant par les points *i k l m,* et ceux *e f g h d* forment une continue rampante qui est l'hélice de la vis.

Lorsque le papier est bien sec on prend un tiers-point neuf et à angles vifs, et on lime le papier et le cylindre à la fois, suivant la ligne d'hélice. Lorsque cette hélice est suffisamment indiquée, et afin que l'écuelle soit partout de même profondeur, on prend un grain d'orge friant dont on présente la pointe à la rainure faite à la lime : on met alors le tour en mouvement en laissant glisser le grain d'orge sur la cale du support, à droite et à gauche, si on donne un mouvement alternatif au tour, ou en reportant l'outil au point de départ, si le mouvement est continu, et l'on forme de la sorte un pas de vis régulier qui servira de matrice pour en reproduire ensuite, à l'aide d'un peigne, de plus réguliers encore et autant qu'on en voudra.

Pour produire un pas à gauche il suffit d'in-

cliner dans un sens contraire les lignes du parallélogramme et de suivre en tous points la
même marche. On peut, si l'on veut, faire servir les mêmes cylindres ou tuyaux, à deux fins,
c'est-à-dire les rendre propres à faire des vis à
droite et à gauche, et pour cela il s'agit de former les deux pas à côté l'un de l'autre.

SECTION XXVIII.

Manière de faire des vis avec le tour en l'air mu par la roue.

La roue donnant un mouvement continuel
au tour en l'air, il paraît difficile de faire par
ce moyen des vis qui exigent que l'arbre avance
et recule : on y parvient cependant par la méthode suivante, soit que la roue soit placée en
dessus ou en dessous du tour.

Dans le premier cas, on ôte la corde de dessus la poulie, on passe celle qui tient la pédale
sur l'arbre, on lui fait faire trois tours, et on

l'accroche dans la manivelle qui fait mouvoir la roue.

Dans le second cas, on attache également la corde à la manivelle, ou au double coude de l'arbre de la roue, on lui fait faire trois tours sur l'arbre, on laisse tomber le bout au-dessous de l'établi, et on l'attache à la pédale. Par ce moyen on donne à l'arbre du tour en l'air le mouvement nécessaire, mouvement qu'on n'obtient assez communément qu'avec la perche ou l'arc.

Tourner des pièces semblables avec un calibre.

Quelqu'exercé qu'on soit, il est difficile de faire plusieurs pièces de la même espèce, parfaitement semblables, même avec le modèle sous les yeux ; alors, la meilleure méthode est sans doute de se servir d'un calibre. On y trouve deux avantages aussi importans l'un que l'autre : le premier, qui est d'obtenir le même résultat, et d'être assuré que les moulures sont parfaitement égales ; et le second, d'abréger beaucoup le temps puisque la pièce se fait d'un seul coup. Peut-être ne serait-on pas assuré de réussir dès la première fois, à faire un calibre de cette espèce ; mais avec un peu de soin et beaucoup d'attention, on peut y parvenir. Le calibre doit être en acier bien trempé et bien tranchant ; on peut, quand les moulures sont compliquées, avoir différens calibres pour chaque partie de la pièce ; on se sert de calibres particulièrement pour des balustres et autres ouvrages de ce genre. J'ai cru devoir parler de cet outil, parce qu'indépendamment de l'égalité

qu'il procure dans les profils, il donne à la pièce
un poli presque suffisant, surtout quand on a
eu l'attention de ne prendre que peu de bois à
la fois.

On trouve des calibres tout confectionnés, et
du modèle qu'on peut les désirer, chez MM. Co-
lombel et Petit, successeurs de M. Hamelin, à
la *Flotte d'Angleterre*, rue de la Barillerie, n° 15 :
ces Messieurs tiennent en général tout ce qui est
relatif au tour.

FIN DU PREMIER VOLUME.

TABLE DES MATIÈRES

CONTENUES DANS LE PREMIER VOLUME.

LABORATOIRE. . . . . Pag. 1
CHAPITRE PREMIER. Des Tours et des diffé-
rentes parties dont ils se composent. 2
SECTION PREMIÈRE. Tour à pointes. . . . . . ib.
De l'Établi. . . . . . / 3
Des Poupées. 4
De la Poupée à lunettes. 7
De l'Arc. 8
De la Perche. 9
Du Support. 10
De la Marche ou Pédale. 11
SECTION II. Du Tour à pointes d'horloger. . . . ib.
SECTION III. Du Tour en l'air. 13
Des Poupées. . . . . ib.
De l'Arbre. . . . . ib.
Du Support. 17
De la Roue. 20
SECTION IV. Manière de placer la Roue au-dessous
du tour. 21
SECTION V. Manière de placer la Roue au-dessus. 24
Autre manière. 26
SECTION VI. Tour à pointes à l'anglaise. . . . 28
SECTION VII. Tour à bidet. 29
SECTION VIII. Tour en l'air d'horloger. 31
Tour en l'air universel de *idem*. . . . . . ib.
Tour à pivot de *idem*. 32
SECTION IX. De l'Arbre creux. . . . . . . ib.

Manière de forer un arbre. 34

SECTION X. Manière de réunir les deux bouts de
la corde sans fin. 35

CHAP. II. Des Outils dont on se sert pour tourner. 37

SECTION PREMIÈRE. Outils pour tourner sur le tour
à pointes. . . . . ib.

SECTION II. Outils pour le tour en l'air. 40

SECTION III. Autres outils indispensables dans un
atelier 43

SECTION IV. Outils propres à percer le bois. . . 44

  Mèches anglaises 45

  Mèches perfectionnées. . . . . ib.

SECTION V. Outils pour tourner le fer et l'acier. . 51

SECTION VI. Outils pour tourner le cuivre. . . . 52

SECTION VII. Outils propres à percer les métaux. 53

SECTION VIII. Des Peignes. 54

  Manière de les tailler. 56

  Autre méthode. 58

  Troisième méthode. 61

CHAP. III. Manière d'affûter les outils. . . . . ib.

CHAP. IV. Différentes Poupées. 72

SECTION PREMIÈRE. Des Poupées fendues et à cales. ib.

SECTION II. Poupée à collets et à vis de rappel. . 74

SECTION III. Poupée à jour. 75

CHAP. V. Des lunettes. 76

SECTION PREMIÈRE. Lunette à coussinets. 78

SECTION II. Lunette à réglettes. 79

CHAP. VI. Des Mandrins. 80

SECTION PREMIÈRE. Mandrins pour le tour à
pointes. ib.

  Mandrin cylindrique. 81

  Mandrin à arbre 83

  Mandrin à vis 85

SECTION II. Mandrins pour le tour en l'air . . . ib.

  Mandrin à queue de cochon. 86

  Clé taraud. 89

Mandrin fendu. 90
Mandrin à gobelet. 91
Autre Mandrin à gobelet. . . . . *ib.*
Mandrin porte-foret. 93
Mandrin gueule de loup. . . . . *ib.*
Mandrin à réglettes. 94
Mandrin porte-scie. 96
Mandrin à pointes. 97
Mandrin à mastic. 98
Section iii. Mandrin universel. 99
CHAP. VII. Des Filières. 101
Section première, Des Filières en fer. . . . . *ib.*
Section ii. Des Taraux pour le fer. 103
Section iii. Des Filières à bois. 104
Section iv. Des taraux. 107
Section v. Du tarau de charpentier. 110
CHAP. VIII. Méthode pour tourner. 115
Section première. Manière de tourner un cy-
    lindre. . . . . *ib.*
Section ii. Manière de tourner des manches. . 122
Section iii. Manière de faire des viroles. . . 127
Section iv. Manches universels. 129
Section v. Manière de faire des étuis . . . . *ib.*
    Autre méthode. 134
    Autre méthode. 135
Section vi. Manière de faire un dévidoir. . . 137
Section vii. Manière de faire un rouet à filer. 150
Section viii. Manière de tourner carré entre deux
    pointes, un balustre, une colonne, etc. . . 159
Section ix. Manière de tourner des pièces trian-
    gulaires. 164
Section x. Tourner ovale méplat des vases, des
    colonnes, etc. 165
Section xi. Tourner triangulaire rampant . . . 168
    Balustre tourné rampant 171
    Manière bien plus simple de tourner des pièces
    triangulaires et méplates. . . . . *ib.*

SECTION XII. Manière de tourner sur le tour à pointes, excentriquement, des parties rondes. 173

SECTION XIII. Manière de tourner des cadres sur le tour à pointes. 175

SECTION XIV. Manière de faire une colonne torse sur le tour à pointes. 176

SECTION XV. Tourner un bâton coudé. 178

SECTION XVI. Vis d'Archimède. 179

SECTION XVII. Manière de tourner à la roue. . . 182

CHAP. IX. Tourner les métaux. 186

SECTION PREMIÈRE. Manière de tourner le fer et l'acier . . . . ib.

SECTION II. Manière de polir le fer. 189

SECTION III. Manière de tourner le cuivre. . . . ib.

SECTION IV. Quelques observations sur l'ivoire, l'écaille, l'os, la corne, et sur la manière de les tourner. 191

SECTION V. Manière de tourner le marbre et l'albâtre. 193

SECTION VI. Tour à graver le verre et manière de s'en servir. 194

Manière de percer un plateau de verre. . . . 197

CHAP. X. Quelques notions sur l'acier et sur la manière de forger les outils. 198

SECTION PREMIÈRE. Forger le fer et l'acier. . . . ib.

SECTION II. Précautions indispensables en forgeant l'acier 201

SECTION III. Manière de souder le fer avec l'acier . 202

SECTION IV. Manière de tremper le fer et l'acier. 203

SECTION V. De la trempe en paquet 205

SECTION VI. Manière de forger le cuivre. 206

SECTION VII. Manière de souder le cuivre. . . . 208

SECTION VIII. Manière de fondre et de mouler les métaux. 210

CHAP. XI. Des moulures 215

SECTION PREMIÈRE. Des Molettes et Gaudrons. . . 217

SECTION II. Manière simple de monter une roue

entre deux pointes, sur un arbre auquel il n'est pas nécessaire de faire un coude ou une manivelle. 219

SECTION III. Manière de faire des vis avec le tour en l'air, mu par la roue, en se servant de la corde sans fin 221

SECTION IV. Manière d'équiper une meule qui s'use en restant ronde 222

CHAP. XII. Différens objets qui se font sur le tour en l'air 223

SECTION PREMIÈRE. Manière d'incruster des cercles. . . . . ib.

SECTION II. Manière de percer des objets très-minces. 225

SECTION III. Différens jouets d'enfans 227

Toupie d'Allemagne. . . . . ib.

Jeu du Diable. 228

SECTION IV. Faire des échecs. 229

SECTION V. Manière de faire des moules à bourses. 23t

SECTION VI. Manière de faire un jeu de loto. . . . 233

SECTION VII. Manière de faire un nécessaire de dames. 234

SECTION VIII. Manière de faire une boîte fermant à secret 239

SECTION IX. Manière de faire une sarbacane. . . . 240

SECTION X. Faire une canne à pêche 242

SECTION XI. Faire un pluvir. 244

SECTION XII. Objets d'amusement 245

Faire une boîte à muscade . . . . ib.

Faire une boîte à œufs 247

Boîte à millet 248

Manière de faire une boîte fermant à vis . . . 25t

SECTION XIII. Manière de faire les dames pour le trictrac 253

SECTION XIV. Manière de faire des dés 256

SECTION XV. Faire une boîte à colophane 257

SECTION XVI. Tourner des coquetiers 259

Section XVII. Manière de tourner les cinq sections coniques 260

Section XVIII. Manière de tourner une boîte unie. 266

Section XIX. Manière de tourner une boîte destinée à recevoir une doublure et des cercles en écaille 270

Section XX. Manière de tourner les boules . . . 274

Section XXI. Manière de faire des serpens 278

Autre manière 281

Section XXII. Manière de faire un métier à broder 282

Quelques observations sur les métiers à broder, les dévidoirs, les rouets à filer 284

Section XXIII. Manière de faire un flageolet . . . 285

Section XXIV. Manière de tourner un balustre . . 287

Section XXV. Manière de tourner un vase 289

Section XXVI. Manière de faire une chaîne 290

Section XXVII. Manière de faire des pas supplémentaires, à gauche et à droite 295

Section XXVIII. Manière de faire des vis avec le tour en l'air mû par la roue 298

Tourner des pièces semblables avec un calibre. 299

TABLE DES MATIÈRES contenues dans ce premier volume. 301

FIN DE LA TABLE.

TROYES. — IMPRIMERIE DE CARDON.